美しい顔

出会いと
至高性をめぐる
思想と
人類学の旅

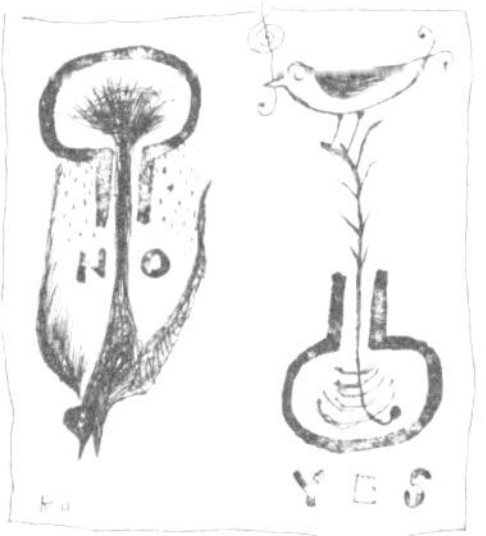

内山田康
Uchiyamada Yasushi

春秋社

プロローグ

「二十年後に一つの新しい人種が生まれた。半分たちの人種だ。何の半分たちなのかは知らない。そもそも半分白だという要件を満たせば何でもいい。〔…〕半分たちは領土の行政の主要なポストを占有し、それを言語や学識のように、たいていは父から息子へと譲り渡し、おおくは学校の先生たちか看護師たちで、学識と良識の保持者たちで、部局長か事務官たちで、もろもろの権力の保持者たちだ」(Spitz 2015［1991］: 173–174)。私は読みかけの『押しつぶされた夢たちの島』(*L'île des rêves écrasés*)を二年半ぶりに手にとった。

シャンタル・スピッツはタヒチの作家で、彼女は伝承や散文詩や日記を織り込んだスタイルでこの文明／植民地の物語を書いた。ヨーロッパからやって来た白人たちは、ポリネシアの女たちや男たちを欲望した。欲望の対象となった彼女たちは、白人たちに魅惑され、彼らを欲望し、混血の子供たちが生まれた。その島は無数の夢たちの島だった。マオヒ（タヒチとその周辺の島々のポリネシア人）たちは、祖先の土地と伝統と魂を失い、核実験場で働いた人たちは癌のために死んだ。今のタヒチを思わせる島では、建物が連なり、長い渋滞が発生する。

二〇二一年の春、手当たり次第に読んでいた南太平洋に関する多様な文献と共に、私がこの本を手にした時のえんぴつの走り書きが余白《マージン》に残っている。二〇二二年一月、私はフランス領ポリネシアの東端のガンビエ諸島を初めて訪れた。三ヶ月間の調査から戻った半年後、私は再びフィールドに二ヶ月間滞在した。日本に帰り、私は問題の出口を探しながら異なる種類の文献の群れ、スピノザ、シモーヌ・ヴェイユ、ハンナ・アーレント、その他を乱読していたが、二〇二三年の夏、ふと思いついて、この本を手にとった。フィールドワークを経て、ガンビエで起きた他所者たちと島嶼の人々との出会いの後に残されたものたちの今を知った後だったから、私には思い当たることがあった。コンタクトは二度やって来た。ツナミのように。

この物語に足を踏み入れると、ルアヒネという太陽と月のリズムが支配した南太平洋の架空の島が、将軍＝大統領の力能と権力への妄執のために核実験場になる。ヨーロッパとの出会いによってマオヒの世界にいったい何が起きたのか？　これは混血のポリネシア人の語り手が、この出会いの意味を問う物語だ。フィジー人／トンガ人であり、人類学者／作家だったエペリ・ハウオファが語るように、南太平洋の人々が経験したこのような出来事の生きた感覚は、人類学者たちによってではなく、島の人々の語りによって伝えられてきた（Hauʻofa 2008）。スピッツは、この出会いを、マオヒの伝承や詩や独白を織り込みながら綴っていった。私もどこかで読んだことのあるイメージを含む出会いの予言から物語は始まる。

〈彼らはアウトリガーのない船でやって来るだろう。この子供たちは私たちに命を与えた同じ幹から枝分かれした。彼らの体は私たちのそれとは異なっているだろう。しかし彼らは私たちの兄弟たちだ。同じ幹から出た若い枝たちだ。彼らは私たちの土地を奪うだろう。私たちが作った秩序をひっくり返すだろう。そして海と陸の聖なる鳥たちはこれを嘆くだろう。〉人々は聞く耳をもたなかった（Spitz 2015: 18）。予言とはそういうものだ。モーセの申命記は、カタストロフの前ではなく、その後に複数の書き手によって書かれた。もちろん、古い予言の隠喩たちを孕んだ諸断片が、新しい予言の構成要素として使われただろう。だが、カタストロフの記憶は薄れ、非常事態が規則になる。予言を忘れてしまうのだ。だから私たちは、カタストロフを生き延びることなく、その最中にいるベンヤミンやヴェイユの声を聞くために立ち止まるだろう。

「ふさわしくない権力を渇望した私たちの中のある者たちに助けられ、彼らは私たちの土地を奪い、私たちに彼らの世界を押しつけた」。彼らには内部の協力者たちがいたのだ。同じことが、そこでも、ここでも起きている。罠は、獲物たちの欲望の働きによって仕掛けが動くように巧まれている。

罠は、たくらみ／仕掛け／機械（machination）。私はポーランドからスコットランドに移住して来たある人類学者に、「ぼくは退職したら航海に出るんだ」と言っていたのに死んでしまった彼に、このニュアンスを教えてもらった。チャックは〈マキネイション〉と言って、意味ありげに笑っただけだったのだが。しかしなんという響きだろう。私たちは罠の中に取り込まれ、動かし／動かされてしまう。彼らの肌は白かった。白い肌は彼らの知性を示していた。

　私は同じことをガンビエ諸島のマンガレヴァで聞いたことがある。「その時、私たちは彼らの魂は彼らの肌と同じように輝いていると想像した。白、光の色だから知性の色。褐色、闇の色だから非知性の色。〔…〕彼らは上級の枝たちで、私たちは下級の枝たちだ、と私たちは確信した」（*ibid.*: 18）。まて。それは奇妙だ。ロベールのフランス語歴史辞典によると、「光」（lumière）は、啓蒙思想が生まれる直前の一七世紀前半に、すでに知性の光を意味していた。認識の枠組みがすでに変化していたのだ。啓蒙思想は、例えばヴォルテールは、この光の定義を複数形で使った。スピッツは、啓蒙思想のさきがけとなったであろうこの知性の光のイメージを、おそらくマオヒの意味論に取り込んでいる。だから奇妙なのだ。

　私が人類学の文献で知ったマオヒの世界は、巨大な二枚貝を開いた形をしていた。至高神オロその他の神々が住む天空（ポ）は暗く、人間界（アオ）は明るい。ポはアイトの柱で支えられていた。その柱がなければ暗いポが落ちてきて、アオは真っ暗になる。だから柱のイメージは、際立って突出した象徴的な意味をもっているのだ（cf. Gell 1993）。色の中では赤が最も重要で、それは力能の色だ。

次が黄色。ウコンの色だ。アオは太陽の光を受けて明るかった。それは暗い宇宙から見た明るい地球のようだ。アルジェリアのカビールの家の中の西の壁が、東の戸口から射し込む朝日の反射光で明るく輝き、東の壁が暗く沈んだように、世界が反転し、それが認識の要石になっていた（Bourdieu 1972: 45–59）。この反転がないのだ。白は光の色だから知性の色、褐色は闇の色だから非知性の色、と考えたマオヒたちは、ファースト・コンタクトの後で大衆化した啓蒙思想と交叉したマオヒの子孫たちなのではないか？『押しつぶされた夢たちの島』は、マオヒの二度目のコンタクトを問い返しているようだ。

青白い肌の男たちは、黄金の肌のマオヒの女たちを夢見てこれを所有したいと思った。青白い肌の女たちは、力能ある肉体のマオヒの男たちを夢見てこれを所有したいと思った。宣教師たちは、真の神である彼らの神の言葉を、洗練された法、崇拝すべき法として制定した（*ibid.*: 19–23）。「そして予言は全てが現実となった。彼らは私たちの土地を奪い、私たちが作った秩序をひっくり返し、そしてそれ以来、一つの白い顔が、ばらばらになった私たちの世界の高みにいる」（*ibid.*: 24）。その白い顔が支配する、半分白いマオヒたちの日常。シャンタル・スピッツは、彼女自分を含むマオヒたちに向かってこう問いかける（*ibid.*: 25）。

今日のマオヒ、きみは
もはや考えなくなった人たち

命令されたことを実行する人たち
魂に自殺させて自分たちの土地を売る人たち
自分たちの祖国を売る人たち
他所者に見惚れる人たち
そして隣人の方が優れていることを見つけ
不正の前におじきをする人たち
そして自分たちを軽蔑する者の前で自らを傷つける人たちに所属する。

マオヒ、その誰かはきみに何をした？
マオヒ、きみはきみに何をした？

目次

美しい顔

出会いと至高性をめぐる思想と人類学の旅

I

太平洋

1　時間を再び与えられる

私はポリネシアへ向かう準備の一環として、レイモンド・ファースの『我らティコピア』（*We, the Tikopia*）の四百八十八頁の短縮版（Firth 1963）を読んでいた。私は二〇二一年三月末に大学を退職したから、もう仕事に追われて長い記述を読み飛ばす必要はなかった。何か気になれば立ち止まって考えることができる。引き返すことだってできる。面白くなってきたので、私は五百九十九頁のオリジナル（Firth 1936）を読み進んだ。

私はブロニスワフ・マリノフスキの最初の弟子だったファースと何度か話す機会があった。彼は九十歳を過ぎていたが、ＬＳＥ（ロンドン・スクール・オヴ・エコノミクス）のオールド・ビルディング六階のセリグマン・ライブラリーで金曜日に開かれていた人類学セミナーにやって来た。攻撃的なスタイルで弁論を繰り出した生意気なセミナーの参加者たちは、サー・レイモンドが穏やかに話し始めると静まり返った。すると年配者の誰かが、例えばジョナサン・パリーが、敬意と控えめなユーモアを織り交ぜたコメントをして微笑むのだった。彼は私たちの祖先だった。

一九九五年の初夏、私はレイモンド・ファース賞を与えられた。私は誰よりも勉強していたはずだ。日本には帰らないと決めていたから、そこで生き延びるためには、誰よりも努力して認められる必要があった。私はその年の秋に人類学科の二百人目の博士となり（後にマイケル・タウシグその他の過去の博士論文が発見されて順位は繰り下がったが）、一人目のファースと二百人目の私が並んで記念写真が撮られた。

ファースは神話的な権威に覆われていたが、それは社会人類学の制度の歴史に属することであり、私は『我らティコピア』を読もうとは思わなかった。私たちは流行《はやり》の理論と新しい民族誌を追うのに忙しく、オセアニア研究を読むとしたら、マリリン・ストラザーンの『贈与のジェンダー』(Strathern 1988) やナンシー・マンの『ガワの名声』(Munn 1992) の方が面白かった。ストラザーンのメラネシアの贈与と人間を横断する人格論は難解だったが、アルフレッド・ジェルがグラフィックな読み方を講義で試みていたし、マンがパースの記号論を使い、クラ財宝、そしてクラ交換のカヌーの異次元の質が生み出されてゆく過程を記述した民族誌は、その動的な生成の議論が新鮮だった。

民族誌はある集団に固有のエキゾチックな事実を記述すれば良いのではなく、その関係性の記述と分析が、直接の当事者ではない私たちの世界理解にとってどう重要なのかが同時に問われていた。特殊あるいは固有を記述して普遍を議論できるか？　固有はいかにして普遍に抗するのか？　オセアニア、東南アジア、東アジア、南アジア、中東、アフリカ、地中海、ヨーロッパ、シベリア、アマゾン、アンデス、中米、北米、北極圏など、地域がどこであろうと、記述への関心から、それらが投げ込まれることによって隠れていた何かを気づかせるもろもろの概念への関心から、私たちは多様な民族誌を読み漁った。この探究においては、特殊と普遍がア・プリオリにあるのではない。全ては特殊だ。私たちは、ある特殊が突出した卓越（暴力）によって例外となり法として振る舞う仕掛けと、関わり合っている（cf. Agamben 2005）。

　ネオリベラルな制度の中で学ぶ私たちは、時間と金が限られていた。だから博士論文に時間をかけ過ぎないように注意された。高等教育機関には相互監視的な監査を委託された同業者（それは他の大学の人類学者たちだ）が評価のために訪れ、生産性が低いと、その人類学科の未来に対してペナルティーが課せられた。だから長いものは好まれなかった。昔の博士課程の大学院生たちの中には、著書が何冊もあり、若い講師たちよりずっと年上の強者たちがいたらしい。私が大学院にいた一九八〇年代の終わりから一九九〇年代の半ば頃は、博士課程の生産性が評価されるようになっていた。そうして学びの余白《マージン》が徐々に削られていった。周縁的《マージナル》な部分が管理されるようになっていった。余白《マージン》を削り取り、生産性を上げ、利益《マージン》が生み出された。

私はケーララで一年半のフィールドワークを行った。二学年上のフィリッポとキャロライン・オゼッラは、私より少し前に私が住んだ村の近くの村に二年間滞在した。パリのＥＨＥＳＳ（社会科学高等研究院）のジル・タラブーはそれより十年前に北部のマラバールで三年間のフィールドワークを行った（だから妻は去ったんだとジルは言った）。博士論文を書籍化した彼の本は、写真などを除いて六百九十一頁もあった（Tarabout 1986）。私は自分に与えられた時間の短さを常に意識して、自分の能力の限界に近いところで活動していた。そうやって自分で自分の余白《マージン》を削っていた。

調査に出かける前も、その後も、私はケーララに関する多様な文献、インド研究の多様な文献を腐るほど読んだ。ケーララで暮らし始めて一年が過ぎた頃には、マラヤーラム語もかなり上達した。私はロンドンに戻る少し前から、人々と土地の相互的な関係と、土地の私的所有との矛盾について、いくつかの位置どり、とりわけ不可触民や先住民の両義的な立場の傍らから、南アジア人類学の階層性と穢れの理論、そして土地改革のポリティカル・エコノミーを参照して、さらには（ここからが重要なのだが）南インドの不可触民や先住民の祖先や土地との関係に似たところのあるメラネシアのサブスタンスの民族誌を参考にしながら、参与観察した事象と支配的な言説の乖離、正常化《ノーマライズ》した説明と先住民の一見したところ不可解な行為との矛盾、そのような整合性を欠いた日常を生きる事態そのものをどう記述できるのかについて考えた。このことは、メラネシア研究者だったアルフレッド・ジェルが、インドのオリッサの山岳地帯で、正統的な南アジア人類学から外れた人類学を実践したことと無関係ではない。メラネシア研究者だったジェルが、地域の理論から自由にオリッサの山岳部族の研究をしたように、私はメラネシア研究のアイデアを使って南インドの不可触民や先住民の世界について考えた。今はあの時のように、読んで歩いて書いてまた読んでという風に螺旋状に思考する時間、そして「人類学する《アンソロポロジャイズ》」時間が私に与えられている。そして私は、晩年のジェルがフィールドワークをせずに書き上げたポリネシア社会とイレズミの本（Gell 1993）をもって東ポリネシアにでかけようとしている。

しかし私はパンデミックのために出発できない。だから『我らティコピア』の短縮版から省略された部分（死んだ親族のために謡う挽歌の章、子供から大人までの男女の性に関わる章、割愛された写真など）を含むティコピアの長く入り組んだ民族誌、それにダーウィンが一八三五年一〇月二〇日にガラパゴスを発ってから一一月一五日にタヒチに上陸するまでの間、トゥアモトゥ諸島の海域に入るまで陸地を見ることがなかったビーグル号の船室で読んでいたらしい宣教師エリスの二巻で千百十二頁の『ポリネシアン・リサーチ』（Ellis 1829a; 1829b）を読みながら、場所と時代と関係性に関する参照点を増やすことができるだろう。

西回りで航海したために、現地の日付が一一月一六日だったその日のことを、ダーウィンは次のように記している。「我々がマタヴァイ湾に投錨するやいなやカヌーたちに取り囲まれた。この日は我々の日曜日だったが、それはタヒチの月曜日だった。つまり、もし逆のケースだったならば〔東回りで航海したらダーウィンたちの月曜日はタヒチの日曜日になる〕、一艘のカヌーですら我々を訪れなかっただろう。というのも、安息日にカヌーを出してはならないとの命令が厳格に守られているからだ」(Darwin 2001 [1909]: 360)。一八三五年のタヒチはキリスト教化が進んでいた。以下で述べるように、一八三五年のガンビエ諸島では、ポリネシアの神々の像が破壊されていた。

私は参照枠を拡張し、複数の参照枠を重ね合わせ、いつかそれらが交わってゆく場所を見い出すために、一七六七年にタヒチを訪れたウォリスの航海日記、一七六八年にタヒチを訪れたブーガンヴィルの航海記、一七六九年にタヒチを訪れたクックの一回目の航海日記、そしてクックの最初の世界一周に同行した博物学者バンクスの日記を読んでいる。それに加えて、タヒチが「南の楽園」となる過程に関与したヨーロッパの妄想と表象の数々、ゴーギャンの手記と研究ノートと彫刻と絵の数々、パリ解放後のド・ゴール将軍の覇権への強迫観念、広島と長崎への原爆投下とその直後の人々の経験、マーシャル諸島で行われたアメリカの核実験、アルジェリアのサハラ砂漠と東ポリネシアで行われたフランスの核実験、モルロアの核実験を描いたポリネシアの文学作品、ポリネシア考古学、核兵器開発の人類学的研究、暴力の研究、主権の研究などをひたすら読み、夜には一日前のフランス国営テレビの一九時のポリネシアのニュースを見る。

2　ポリネシアへどう向かう?

「ティコピアの先住民は、ソロモン諸島のその他の人々とは違い、労働市場では手に入らない。保護領の他のポリネシア人コミュニティーと同様に、政府の布告により、彼らは徴募を免除されている。私はこの賢明な政策に全く賛成だ」(Firth 1936: 41)。ティコピアの若者たちは外の世界を渇望し、船が来ると乗せてくれと懇願した(*ibid.*: 18)。島には労働者を集める船も来た。ファースは長老たちから、親族の若者たちが連れて行かれないように手を尽くしてくれ、と頼まれた。島には病気がほとんど存在しなかったから、外の世界で感染症に罹り、あるいはティコピアを想って鬱になる者たちが多かった。十五人行って帰って来たのは一人。十二人行って三人が帰って来た。ファースはそんな話を聞いた。利発で活発な少年だったムナキナは、不活発で哀れな亡霊のような姿になって戻って来た（*ibid*.: 42–43）。

二〇二一年三月一一日、私は平戸島からフェリーに乗った。船は復元されたオランダ商館の倉庫の前を通って湾の外に出た。オランダ商館の倉庫は一六三九年に建てられ、翌年に幕府の命令で破壊された。その図面が残っていないので、バタヴィアに現存する倉庫をモデルにしたという。ポリネシアは一六三九年にはまだ知られていない。一七六八年にブーガンヴィルはタヒチからアオトゥルをパリに連れて帰る途中でバタヴィアに寄港した。一七七〇年にエンデヴァー号の修理のためにバタヴィアに滞在したクックとバンクスは、アオトゥルがフランス人たちとそこに来ていたことを知った。パリのアオトゥルは望郷の念を募らせ、一七〇〇年二月にインド洋経由でタヒチへの帰途についた。彼は一七七一年一〇月に中継地のフランス島（モーリシャス）で、フランス東インド会社の私掠船の元船長で南方大陸（テラ・アウストラリス）の探検に出帆するマリオン＝デュフレーヌのマスカリン号に乗船したが、天然痘のためにマダガスカル沖で死んだ。その八ヶ月後、マリオン＝デュフレーヌもニュージーランド北島の北端でマオリに殺された。一七六九年にクックはフイアテア出身のトゥパイアを乗せてタヒチを出た。航海術に長けたトゥパイアはポリネシアの海で活躍したが、一七七一年にバタヴィア滞在中に、赤痢あるいはマラリアで死んだ（cf. Scemla 1994; Thomas 2010）。平戸と長崎はこのバタヴィアと繋がっていた。しかし私はバタヴィアから先は想像できない。

だからいくつもの経路について調べながら、徐々にポリネシアの方へ進むしかない。

人気のない大島の桟橋で下船して海岸を西に歩くと、自転車に乗った人がこの先は行き止まりだと言った。だから今度は坂道を登った。午後二時四六分にどこか遠くの拡声器からウーとサイレンが鳴った。東日本大震災十周年の追悼の合図だった。私は南太平洋へ向かうために、マインドセットを入れ替えようとしていた。少し前までは三月も浜通りに行くつもりだったが、三月一一日に浜通りにいたら、その場所を満たす諸力によって引き寄せられ、さまざまな社会的な関わり合いの影響を受け、ポリネシアには至れないと思うようになった。浜通りはもちろん太平洋に開けている。それは浜通りの視点からの経路だ。しかし私は、プルトニウムを使ったインプロージョン型の核兵器が、ニューメキシコのトリニティ・サイトにつづいて二度目に使われた長崎からポリネシアに向かうことに意味があると思い始めていた。これが拡散したのだ。核実験から核実験へ、核兵器から原子力発電へ、原子力発電から核兵器へという経路が存在している。

私は二〇二〇年一二月下旬から正月までの一週間を浜通りで過ごした。福島第一原子力発電所の北と南では地域性が異なる。浪江の人は買い物のために南相馬の原町に行く。楢葉の人はいわきの平に行く。沿岸と山間部の違いも際立っている。浪江の新しい道の駅の周辺は整備されたが、山に向かうと、どこまで行っても津島地区は閉ざされていた。楢葉と富岡の沿岸部は海岸と河口の工事とコンパクトタウンの建設が行われたが、木戸ダムの南側の山中には、大量の土砂やガレキが捨てられていた。「福島イノベーション・コースト」の注目の施設は国道六号線の近くで輝き、山間地帯の旧津島村は復興から外れている。除染土らしきものやガレキが運び込まれる楢葉の奥山もそうだ。後背地では除染が行われず、ガレキが捨てられている。私が赴こうとしている東ポリネシアは、パリから見たら、最果ての後背地だ。周縁的《マージナル》な場所が核実験場や核のごみ捨て場になっている。このことは、近代とは、進歩とは、周縁にとって何だったのかを考える契機になるだろう。

私はダーウィンの『ビーグル号の航海』を浜通りにもって来ていた。それを朝と夜にホテルの部屋でアフリカのウラン鉱山の本の原稿を書く合間に読んだ。次の旅は始まっていた。ビーグル号は、船のカレンダーでは一八三五年一一月一五日にタヒチのマタヴァイ湾に投錨した。その六十八年前から三年つづけてウォリス、ブーガンヴィル、クックが上陸したあの場所だ。岬の先端は「ポワント・ヴェニュス」（ヴィーナス岬）と呼ばれている。そこはクックたちが金星《ヴィーナス》の太陽面通過を観測した場所だった。「男たち、女たち、子供たちの一群が、あの忘れがたいヴィーナス岬で我々を迎えるために集められ、陽気な笑顔を見せている」（Darwin 2001: 360）。権力をもつ誰かが、大きな船で来る男たちが好みそうな方法で、歓迎の儀式を行わせたのかもしれない。より重大なことは、ビーグル号の航海を通して、ダーウィンが種たちの関係的な進化の過程を発見したことだ。それが意味するのは、世界が予め定められた終末あるいは目的をもたないこと。私たちはその過程を進んでいる。

クックが太平洋を探索した時、彼は一回目（一七六八―一七七一年）と二回目の航海（一七七二―一七七五年）までは、啓蒙思想の影響を受けていたらしく、出会った島々の人々とは可能な限り友好な関係を築こうとした。三回目の航海（一七七六―一七七九年）では、自分の主張を通すために相手を人質に取るようになった（Smith 2000）。ダーウィンがタヒチを訪れた一八三五年、太平洋は異なる世界になっていた。産業革命はクックの時代に始まり、オーストラリアは全土がイギリス領となっていた。先住の人々の首長の中には銃をもつ者たちもいた。宣教師たちはより小さな島々でも活動を始めていた。メルヴィルは一八四一年一月に捕鯨船アクシュネット号の乗組員としてマサチューセッツ州フェアヘヴンから南太平洋へ向かい、マルケサス諸島のヌクヒヴァで脱走した。彼もまたポリネシアの浜の浮浪者となった（Melville 1996［1846］）。この後、太平洋は列強により植民地化され、一八八〇年代半ばには日本人もミクロネシアに来るようになった（Peattie 1988: 1–33）。

ファースがティコピアに住み始めた一九二八年七月、島の人々はとても友好的で愛想が良かった。しかし彼らが闖入者によって平穏を深くかき乱されていたことにファースは気づいていた（Firth 1936: 8）。その後、太平洋戦争が戦われ、北マリアナ諸島のテニアンから飛び立ったB－29が広島と長崎に原爆を投下し、戦争の後、太平洋の複数の場所で、アメリカ、イギリス、フランスの核実験が行われた。私は「原子力マシン」の繫がりを追って、フランスの核実験場となった二つの環礁から遠くない、東ポリネシアの周縁の島へ行こうとしているが、そこに至るのは先のことだろう。

二〇二一年二月上旬も私は一週間の予定で浜通りに向かった。この時は、北は石巻と女川、南は東海村まで足を延ばした。沿岸の異なる地点から太平洋との繫がりを見ようとしたのだ。私は原町から下の道を通って石巻まで行き、河川の堤防が完成して雰囲気が変わった中央界隈を歩いた。夜は吹雪になった。新北上川の両岸も女川も巨大な堤防のためによそよそしい場所になっていた。私は十年近く前に行き来した津波で破壊された野蒜を経由して松島までの海沿いの道をゆっくり走ってから原町に戻った。私は太平洋にどう向かうのか決めかねていた。

次に小名浜を起点にして東海村まで行き、廃炉と廃止措置のための技術を開発しているという東海発電所と東海再処理施設、核物質管理センター、停止したままの東海第二発電所、その他の施設が密集する原子力施設群の北側の豊岡海岸を歩いた。中学生たちが自転車で遊びに来ていた。再処理工場の海中放出管が延びる海には釣り人がいた。砂浜には恋人たちが座っていた。人々は原子力施設に慣れている。ラ・アーグの海辺でも、セラフィールドの海辺でも、そうだった。放射能汚染に対して反応しなくなっているのだ。核開発と原子力開発を進める体制にとって、地元の人々が放射能汚染に無関心になることは、理想的な状況だろう。

石巻と小名浜の遠洋漁船は太平洋で漁をする。石巻の私の遠縁の網元は、メラネシアやアフリカまで行っていた。私は反政府ゲリラのＲＥＮＡＭＯに包囲されたロレンソ・マルケスという探検家の名前で知られたモザンビークのマプートで、日本のマグロ漁船の人たちがインド系の床屋に東北弁で話すのを聞いたことがある。驚いたことに、会話は成立していた。ポルトガル語の辞書と小さなノートをいつも手にしていた私は、他の方法があることに気がついた。それ以上に驚いたのは、彼らがこの地域を蝕んでいた内戦に無頓着だったことだ。マプートの人々は戦争の暴力を恐れていた。私はこの遠縁の漁師とアフリカの話をしたが、会話はすれ違い、私は彼が海で過ごす時間が長かったことを知った。一九五四年にマーシャル諸島で操業中に被ばくした第五福竜丸は焼津の船だった。被ばくした漁船は他にも多い。小名浜の漁船はフォークランドにも行っていた。世界周航をした探検家たちの航路が、太平洋、インド洋、大西洋で、日本の漁船の航路と交差している。

私は三月八日に長崎に来て、熱帯医学研究所で公衆衛生学を教える友人にあることを聞いた。一七六九年四月一三日から三ヶ月間タヒチに滞在したエンデヴァー号の乗組員たちは、島の女たちと性交を重ね、タヒチを出発した後で梅毒を患っていたことが判明した。しかしクックはなぜ梅毒に罹らなかったのか。その友人によると、江戸時代の日本でも梅毒が蔓延していたが、感染者の三割は梅毒の症状が出なかった。私はクックが意志の強い人だったと想像していたが、そのような問題ではないらしい。

タヒチに梅毒をもち込んだのは一七六七年六月一九日にドルフィン号で訪れたサミュエル・ウォリスたちなのか、一七六八年四月六日にラ・ブドゥーズ号とレトワール号で訪れたルイ・アントワーヌ・ド・ブーガンヴィルの一行なのかを巡って論争が起きたことがあった。ドルフィン号の乗組員たちは、プリマス港を出発した時に梅毒を患っていたが、タヒチに上陸する六ヶ月前には完治していたという。だからブーガンヴィルが怪しいと彼らは主張した。しかしハワード・スミスは、症状が消えただけで梅毒は進行していたと考えた（Smith 1975）。

ドルフィン号が戻ると、ロンドンではタヒチの女たちの性的な魅力を伝える記事が新聞の一面を飾った（Druett 2018: 1–3）。一七七一年に出版されたブーガンヴィルの航海記には、タヒチの女たちの裸体の誘惑によって水夫たちが魔法にかけられたと記されている（Bougainville 1982［1771］: 225–227）。こうしてタヒチはメトロポリスの大衆の想像の中で「ヌヴェル・シテール」（新しいヴィーナスの島）となり、このイメージは欧米からの観光客が買い求める絵葉書のヌード写真の制作過程でも再生産された。このタヒチのイメージは、ポリネシアの人々の関心事とはかけ離れている（Kahn 2011）。

ブーガンヴィルの航海は、民族誌的な成功を収めたが、領土の獲得においても、学術的にも、成果は乏しかったという。学術誌 ***Le Journal des Savants*** も科学アカデミーも海洋アカデミーもこの航海に関心を示さなかった。ディドロはブーガンヴィルの航海記に触発されて『ブーガンヴィルの航海の補遺』（Diderot 2013［1773］）を書き、その中でタヒチを性的なユートピアとして描いたが、ヴォルテールもルソーもこれには興味を示さなかった。ジャック・プルーストの批判はとても辛辣だ。プラグマティックなイギリス人のクックは、タヒチに三ヶ月間滞在し（ブーガンヴィルは九日間）、千の惑星、五百の魚、それに匹敵する数の鳥、無数の昆虫あるいは甲殻類について記述した。こうして大掛かりな科学的探索の時代が到来したのだが、ブーガンヴィルは夢想者の冒険を終えたのだった（Proust 1982: 13–15）。

私はブーガンヴィル、ゴーギャン、その他のヨーロッパの夢想者たちの旅を追うつもりはない。しかし私たちは、ポリネシア人たちが船でやって来た他所者たちの所持品の数々に対して見せた異常なほどの欲望を、理解する必要があるだろう。

3　太平洋の過去へ

太平洋の過去はどう想起されたのか？　それは誰の記憶なのか？　それは何に沈黙するのか？　その想起の文脈は何か？　文脈が変われば想起が変わる。どんな太平洋の歴史が可能なのか？　ロバート・ボロフスキは『太平洋の過去の想起』の「招待」でこんな問いを問い直した（Borofsky 2000）。これらの問いには夥しい個人史と人類学の歴史が関与している。ボロフスキは学部時代にロンドンのＵＣＬ（ユニヴァーシティ・カレッジ・ロンドン）に留学した時、メアリー・ダグラスの授業に出て人類学の面白さと出会った。マリノフスキ、そして同時代に彼の指導を受けたファースとエヴァンズ＝プリチャードなどを読み、『我らティコピア』は特別で、ファースは彼のヒーローだった。ボロフスキがクック諸島のプカプカで四十ヶ月間のフィールドワークを終えてホノルルに戻ると、一九八〇―八一年から人類学的な歴史学者グレッグ・デニングと歴史の人類学者マーシャル・サーリンズが、太平洋の歴史のパースペクティヴの転換を迫る研究を次々に発表していった。

「招待」の十年前に書かれたある書評論文でも、ボロフスキは同様の議論をしていた（Borofsky 1990）。近年の太平洋の歴史には二つの重要な契機がある。一つ目は一九四九年から一九七三年までＡＮＵ（オーストラリア国立大学）の太平洋史の教授だったＪ・Ｗ・デイヴィッドソンが、帝国主義的な歴史に対して提唱した「島中心の」太平洋史だ。新たな研究を産んだこの転回も、島のパースペクティヴをどう代表・表象するのかという問題に直面して行き詰まった。

二つ目は一九八〇年代のデニングとサーリンズの先住の人《ネイティヴ》と他所の人《ストレンジャー》との出会いの歴史の研究だ。サーリンズがハワイに現れたキャプテン・クックの神格化と殺害を文化がどう秩序づけたのかに加え、その過程における文化の再構造化に関心を抱いたのに対して（Sahlins 1981a）、デニングは、マルケサスの人々と、探検家、捕鯨船員、浜の浮浪者、宣教師など他所者たちとの出会いの顛末、また天文学者ウィリアム・グーチがなぜハワイで殺され、その死が他者にとって何を象徴するに至ったのかをマジカルなリアルさで考察した（Dening 1980; 1988）。デニングの関心は、「実は何が起きたのか」（what *actually* happened）であり、「実際に何が起きたのか」（what *really* happened）ではない（Borofsky 1990: 392）。先住の人々と他所の人々が、それぞれが慣れ親しんだ方法に依拠した意図と無感覚と誤認と解釈が交錯した遠くの浜辺の出会いに、デニングは息を吹き込んだ。ボロフスキは、このような仕事を引き継ぎ、歴史作りの可能性を探究していた。日本を経由して、太平洋へ向かおうとしている私は、異なる体制下における太平洋の出会いを考えるために、『きけ　わだつみのこえ』(1982)から引用しよう(元号は西暦に変換する)。

宇田川達(一九四二年九月早稲田大学法学部卒業。一九四四年一一月レイテ島オルモック湾にて沈没。一九四五年一月鹿児島県南方海上にて戦死。二十四歳。)台湾の最南端の岬ガランピン岬からフィリッピンの最北端アパリの間の海、これをバシー海峡という。〔…〕一九四四年の七月に至り俄然危険となって、我々暁部隊の者らからは魔のバシーといわれるようになった。〔…〕米国の潜水艦が続々と出現し、現在約八十隻以上が我が輸送船を襲わんものと待機しているのである。さて七月以来、輸送船はこの短い水域で猛烈に襲われている。八月に入ってからは七七〇船団は台湾高雄を出て間も無く大島丸(約一万五千トンの油槽船)が魚雷により大爆発して二粁《キロ》四方を火の海として沈んでしまった。そして次いで大阪商船の優秀船にちらん丸がやはり魚雷で沈み、翌日には四隻がやられた(*ibid*.: 234–236)。

瀬田万之助(東京外国語学校卒業。一九四三年一二月入営。一九四五年三月ルソン島にて戦死。二十一歳。)マニラ湾の夕焼けは見事なものです。こうしてぼんやりと黄昏時の海を眺めていますと、どうして我々は憎しみ合い、矛を交えなくてはならないかと、そぞろ懐疑的な気持ちになります。避け得られぬ宿命であったにせよもっとほかに、打開の道はなかったものかとくれぐれも考えさせられます。あたら青春をわれわれは何故、このような惨めな思いをして過ごさなければならないのでしょうか。若い有為の人々が次々と戦死していくことは堪《たま》らないことです。中村屋の羊羹《ようかん》が食べたいと今ふっと思い出しました（*ibid*.: 244–245）。

平井摂三（一九四一年東大法学部卒業後海軍経理学校。一九四二年九月ニューギニヤ島ブナにて戦死。二十四歳。）一九四二年二月二八日。昨夜機関長と将来の東亜について語って見る。彼らは結局征服感よりないらしい。すべてを赤にぬりかえることしか考えぬ。これで果たして聖戦といえるだろうか。今日は頭痛がする。風邪かもしれない。すべてを否定し、虚無の生活思想になり得たらどんなに愉快だろうか。国家とは果たして人類にとって必然的に生じなければならぬ社会団体なのだろうか？　ただ、歴史的に存在していたから今なお維持されているというにすぎぬのであるまいか（*ibid*.: 103–104）。

榊原大三（一九四一年東大医学部卒業。一九四二年一月軍医となり、一九四四年一〇月一日ペリリウ島にて戦死。二十八歳。）消ゆべきは跡なく消えて夜の海に巨大空母はひた燃えさかる。［パラオにて病める折、妻に寄せし歌］デング熱に身体痛めば苦しさについ名を呼びぬ椰子を打つ風（*ibid*.: 242–243）。

蜂谷博史（一九四二年東大文学部に入学。一九四三年一二月入営。一九四四年一二月二四日硫黄島にて戦死。二十二歳。）硫黄島雨にけぶりて静かなり昨夜の砲弾夢にあるらし。爆音を壕中にして歌つくるあわれ吾が春今つきんとす（*ibid*.: 295–296）。

文脈は太平洋戦争下の日本兵のそれぞれの袋小路。西太平洋は日本軍とアメリカ軍の戦場となり、島々の人々との出会いの機会は無くなっていた。次に南洋庁の役人としてミクロネシアのパラオに赴任した中島敦の書簡から引用する。中島はパラオからトラックとポナペ経由でマーシャルのヤルートへと旅した。

一九四一年九月二九日。〔…〕一年生の授業を見に行ったら、先生が、先ず言うんだ。「今日は南洋庁のお役人が皆さんの授業を見に来られました。皆さんが行儀よくしていると、南洋庁のお役人は大層喜ばれます」すると、土人の青年の通訳がいて〔…〕それをマーシャル語で、言い直す。すると六十人ばかりのチビの黒助共が、僕の方を振り返って見て、「へー」というような、恐れ入ったような顔をするんだ。南洋庁のお役人様、くすぐったくて、しようがない。〔…〕午後は、支庁の人と一緒に島内を歩き、カブアという大酋長の家をたずねた。一寸ハイカラな洋風の家だ。この酋長は年収（椰子のコプラによる）七万円ぐらいあるそうだから、大したもんだね。酋長は三十位の大人しい青年で、日本語も英語も出来る。〔…〕細君は、非常な美人だ。色も内地人位。内地人としたって、立派に美人で通ると思う。その細君の妹も出て来たが、之もキレイだ。二人とも日本人との混血なんだ。〔…〕一九四一年一二月一四日。いよいよ来るべきものが来たね。どうだい。日本の海軍機のすばらしさは（中島 2019: 181–182, 257）。

中島は南洋群島を船で旅して役人の優越を知り、真珠湾攻撃を誇らしく思うが、「土民教育」とは名ばかりで、島民たちを怒鳴り散らし、労働力として使い潰す現実を垣間見ていた。私たちは「実は何が起きていたのか」をどのようにして問うことができるのだろう？

4　日本の南洋

太平洋戦争は一九四一年一二月八日のマレー半島と真珠湾の奇襲攻撃で始まり、日本軍の連戦連勝に人々は高揚した。一九四二年六月のミッドウェー海戦で予想外の完敗。八月のガダルカナル島の作戦は失敗して一九四三年二月に撤退したが、これを前向きに「転進」と言った。九月、大日本帝国はより狭い絶対国防圏を設定した。一一月にギルバード諸島の守備隊は全滅。アメリカ軍は南と東から侵攻をつづけ、一九四四年二月にトラック島を空爆で孤立させて、マーシャル諸島を占領。マーシャル守備隊は全滅。三月パラオ空爆。七月に絶対国防圏内のマリアナ諸島サイパンの日本軍全滅。八月にテニアンとグアムの日本軍全滅。一〇月二〇日にアメリカ軍レイテ島上陸。この日、特攻隊が最初の出撃。連合艦隊は壊滅。一一月にマリアナから日本本土空襲が始まった。パラオのペリリュー島の日本軍全滅。一九四五年三月に硫黄島の日本軍全滅。六月に沖縄が陥落。非戦闘員が集団自決（集団自殺）させられた。八月六日と九日、テニアンから飛び立ったB－29が原爆投下。なぜ、全滅を玉砕と飾り立て、生還のない特別攻撃をここまでつづけたのだろう。中島敦は一九四二年一二月四日に東京で亡くなっているから、東京が大空襲で焼け野原になったことは知らない。

この時代の体制の道徳は、エーリッヒ・フロムが「生への愛」（biophilia）と比較対照した「死への愛」（necrophilia）に染まっていた。フロムは、フロイトの生の衝動と死の衝動を参照しながら、私たちに内在する破壊性について次のように要約している。生への愛においては全ての善きものが生きることに奉仕している。生への愛と死への愛の二者択一があるのではない。行き場を失った生への愛が、死への愛へと変貌するのだ（Fromm 1973: 405–407）。フロムの社会集団の精神分析によって、太平洋戦争末期に「玉砕」を愛でたこの集団の傾向は、行き場を失った傷ついた生への愛だったと説明できる。日本兵は銃弾が尽きると万歳をしながら敵に突撃することがアメリカ兵にも知られていた。彼らは生きたかったのだ。唯一の人格たちは国家装置に取り込まれ、それぞれの自己保持は、集団の自己破壊の濁流に押し流されてしまった。

中島敦が乗ったサイパン号は、一九四一年六月二八日に横浜を出港して、硫黄島の南に連なるマリアナ諸島南のサイパンとテニアンとカロリン諸島西のヤップを経由し、七月六日にパラオ諸島のコロールに着いた。中島は一九二二年に設置された南洋庁のお役人。その日、妻たかへの手紙にこう書いた。「今日、ヤキソバをたべたら、恐ろしくまずいのに七十銭もとる。内地なら三十銭位のところ」。南洋は日本人の子供を退化させると中島は思う。「こちらで育った幼児は大抵、島民に似た容貌《かお》をしているんだよ。確かに。色の黒いのは仕方が無いとしても。目がどんぐり眼で髪がちぢれて、唇が厚いんだ。頭も島民の子に近いんじゃないかと思う」（中島 1993: 395）。

一九四一年九月一〇日の日記には、戦争の準備が進む様子が記された。「午後、土方氏、渡辺氏、久保田氏等とアルミーズ島民部落を訪《と》う。部落に入るや、往昔の石畳路の掘起されて軍用道路となるを見る、島民又転居する者多きが如く、土方氏、頻りに嘆く」（*ibid.*: 268）。土方とは、美術家で民族誌家の土方久功《ひじかたひさかつ》だ。この頃パラオ全体では内地人が二万人に対して島民は五千人、コロールでは一万五千人の内地人に対して千人の島民が住んでいた（須藤 2011: 616）。ここでもまた、島民たちは自分たちの島で他所者になっていた。

中島はパラオ丸に乗って九月一九日にトラック（チューク）環礁の夏島（トノアス島）を訪れた。「五時少し過ぎ起床、船は既にトラック大環礁内に在り。緑樹の島点々。駆逐艦等多し、六時半、夏島投錨、八時半上陸、支庁長、前田氏等と支庁に行く。堀氏の案内にて、公学校、国民学校を訪う」。夏島は防備隊司令部があり、連合艦隊の泊地だ。翌日、島民を動員して軍用施設の工事を急ぐのを見た。「五時三十分起床、すでに陽高し、九時上陸、郵便投函、高木氏、機関長等と散歩す、至る所、工事工事、切り崩し、ハッパ、水兵、島民労働者、を見る。店頭を見るに物資乏しきに似たり。殊に食料品に於て、しかり。ハッパをかける轟音」（中島 1993: 270）。

土方は一九二九年三月七日に山城丸で横浜港を出港して、サイパン、テニヤン、ヤップを経由し、一九日にコロールに上陸した。ポリネシアに比べたら南洋群島は日本に近い。当時コロールには千五百人の日本人が住んでいた（須藤 2011: 615）。土方は六月から南洋庁の嘱託となりパラオ本島（バベルダオブ島）の異なる地域に数ヶ月ずつ滞在しながら公学校で島民に木彫を教えた。一年後に南洋庁を辞めたが、その後も関係は良好で、カヤンガルの島勢調査を行い、木彫品評会の審査員を引き受けた。土方は彫刻の弟子となっていた大工の杉浦佐助と、ペリリュー島の南西のアンガウル島で燐鉱山の強制人夫に徴用された後も帰らなかった中央カロリン諸島サタワル島出身のオジャラブルを伴い、一九三一年一〇月八日にサタワルに移り住んだ。一九三八年一二月二八日、土方と杉浦は突然サタワルを離れた。その事情について土方は沈黙した。彼は一九三九年一月五日にパラオに戻り、三月から南洋庁地方課の島民旧慣調査事務を委嘱された。コロールは丘が削り取られ、家々が立ち並び、パンダナスは一本もなかった。ペリリューでは飛行場が建設中で、宿舎が建てられ、土が掘り起こされ、島民たちが住んだ村々は別の場所に移された（清水 2016: 183–186）。

土方の一九四一年九月一〇日の日記は、次のように始まる。「渡辺氏、沢田氏ト午後 Ngarmid〔ガルミズ（アルミヅ）〕ニ行ク約束ダッタノデ、ソシテ久保田君、中島（敦）君モ行クト云フノデ、南貿デ待チアハセテ、十二時スギノバスデホテルニ行ク。ソレカラ皆デ Ngarmid ニ歩キ〔…〕暫ラク行カナイ間ニ Hades〔石畳路〕ノ道ヲオコシテシマッテ、トラック道ヲ向フノ波止場マデモ作ラレテシマヒ、木々ハ切リ仆サレテ、スッカリ変ワッテシマッテ居ル」（土方2014: 378）。中島も土方も言及しないが、アルミズには南洋庁が前年の紀元二千六百年祝賀のために建立したばかりの南洋神社があった。

土方は役所勤めも軍隊も好きではなかった。しかし生活のために軍とは良好な関係を保ち、南貿《ナンボー》（南洋貿易）で中島らと待ち合わせたように、コプラと燐鉱石の生産と小売業を独占した国策会社との関係は良かった。日本が西洋化した一等国に上昇してゆくように見えるナショナルなレンズを通せば、土方は南洋で活躍した日本のゴーギャンであり民族学者の草分けだった。しかし土方はゴーギャンに似ていない。日本の植民統治下のサタワルで、土方はどのような権力と権威の関係の中に生きたのか？　二人のコプラ仲買人の殺人と、土方の沈黙の方へ迂回しよう。

5　その大戦略には暗黒があった

二〇二一年八月五日、「経験したことのない爆発的な感染拡大が進行している」。その「戦い」が始まった頃、英米中露は異次元のスピードでワクチンの開発を進めていた。マスクと手洗いと密を避ける手作業を徹底した日本が戦いに勝っているように見えた時期もあった。オリンピックの開催を一年延期すれば、ワクチンはできるだろうし、それを買えばいい……。英米でワクチンの接種が進むと、日本の周回遅れが目立ち始めた。コロナ感染対策の決め手はワクチンだと首相が強調するようになったのはその後だった。私たちは無知な臣民扱いだが、より重大な問題は、国家が「コロナに打ち勝つ」ための大きな戦略をもたずに戦ったことだ。

ＣＯＶＩＤ－19のワクチン開発には、ＨＩＶとエボラウィルスとＳＡＲＳコロナウィルスのワクチン開発の経験が動員された。あの頃、日本政府の作戦は「ＧｏＴｏトラベル」だった。特定の旅行商品の代金が割引きになり、旅行者には飲食と買い物に仕えるクーポンが配られた。戸部良一ら六人が日本軍の組織的欠陥を研究した『失敗の本質』によれば、六つの事例研究で取り上げた作戦失敗の過程は、両論併記的な曖昧な目的と希望的観測に依存した戦略が「戦争の現実と合理的論理によって漸次破壊されてきたプロセス」だった（戸部ほか 1991: 274）。

真珠湾の奇襲攻撃の直後に策定されたアメリカ軍の戦略は、「中部太平洋諸島の制圧なくしては、海軍の効率的対日侵攻はありえないし、陸軍の前進基地の確保も困難であること、最終的には日本本土の空襲による軍事抵抗力の破壊が必要であることを予想していた」のに対し、日本軍の戦略は短期決戦によって「ある程度の人的、物的損害を与え南方資源地帯を確保して長期戦に持ち込めば、米国の戦意喪失、その結果としての講和がなされようという漠然たるもの」だった（*ibid*.: 275, 276）。アメリカ軍が日本本土の攻撃という明確な目的をもち、必要な手段の開発と配備、兵站の確保、兵士の交代システムを合理的に準備して展開したのに対し、日本軍はグランド・ストラテジーをもたず、「現実から出発し状況ごとに時には場当り的に対応し、それらの結果を積み上げていく思考方法が得意」だった（*ibid*.: 285）。

アメリカ軍が事実と戦略を重視して合理的に組織学習を促進したのに対し、日本軍は「事実よりも自らの頭のなかだけで描いた状況を前提に情報を軽視し、戦略合理性を確保できなかった」(*ibid.*: 328)。だが『失敗の本質』には、アメリカ軍が勝利に必要以上の破壊を行った理由を問わないという重大な欠落がある。その戦略の根底には非合理的な暗黒があった。荒っぽい言い方をすれば、主権権力の基底には、非合理な暴力があり、それがタブーなのだ。

　安全保障研究者のトマス・シェリングによれば、ペルシアがアナトリアの村々を破壊したのも、ソ連が一九五六年にブダペストに侵攻したのも、その目的は純粋な暴力だった。アメリカ合衆国の戦争の戦い方を振り返ると、一八六八年から一八六九年にかけての冬、シェリダン将軍が南部の大平原からインディアンたちを一掃するために、シャイアンの冬の宿営地を攻撃して虐殺したのも同じ戦略だった。組織力と火力が貧弱だったシャイアンは、馬で草原を自在に移動しながら小さな攻撃を仕掛けてきた。騎兵隊はこの脅しには応じず、食料と餌が乏しい冬の宿営地に組織的な報復を行った。南部との戦争（一八六一―一八六五年）でも同じことが行われていた。南の連合国陸軍は独立交渉を有利に運ぶために北の合衆国領土に侵入した。合衆国軍のシャーマン将軍は明白な暴力を意図してジョージアに侵攻した。戦争を終わらせる唯一の方法は、戦いを耐え難いほど残酷にすることだった（Schelling 1966: 12–15）。

　同じ戦略が敵の士気を沮喪《そそう》せしめる奇襲と夜襲を繰り返した日本軍に対して適用されたのだった。「このような軍事行動は交渉の代わりに行われたのであり、それは交渉の一つの過程ではなかった」(*ibid.*: 16)。つまり、その戦争は政治の延長ではなかった。一九四五年五月から七月にかけて、日本は外交ルートを通して条件付降伏の可能性を探ったが（Alperovitz 1995: 26–30）、アメリカは応答せず、広島と長崎に原爆を投下した。シェリングによると、この純粋な暴力の目的は、二つの地方都市を破壊することではなく、日本に痛みとショックを与え、それはまだつづくと約束することだった（Schelling 1966: 17–18）。

真珠湾の奇襲作戦の後、日本の指導者たちが予想していた交渉の余地は、アメリカ合衆国の戦争のパースペクティヴにおいては存在しなかった。日本軍の学習過程の欠陥に着目した『失敗の本質』は、日本軍が組織的失敗を重ねた理由を説明するが、アメリカ軍が戦争に負けていた日本に種類の異なる二つの原子爆弾を投下した理由を問わない。大戦略の暗黒を見過ごすのだ。予め与えられた社会的な関係と文化的な価値を前提とする正統的な政治人類学もまたこの暴力を説明できない。長崎で会ったある被爆者は、あれは核実験だった、と私に言った。彼はアメリカから来た医師たちに、繰り返し髪の毛と皮膚と血液を採取された。私は思考の枠組みを変えなければならない。しかし私は先を急ぎすぎた。敵の軍隊との戦いは、もはや問題ではなく、敵対する国の人間の全ての活動を破壊する核兵器の爆発の実演のシリーズへと向かう前に、土方が活動した時代の南洋群島に再び戻ろう。

土方は日記に加筆した『流木』（1943）において、一九三一年一〇月八日のサタワル上陸から一年間の島の「現實」を記録した。事後的に書かれた第一章「黄永三の變死」から、重要だと思われる部分を要約しておく。

土方は南洋貿易のパラオ支店長と会い、どこで下船するか決めていない事情を説明してヤップの離島間を年に四回周航する長明丸の切符を買い、一九三一年九月二一日にコロールを出発した。船はアンガウル島の燐鉱山の「強制人夫」と呼ばれた労役の任期を終えて帰る三十七人を乗せていた。船が島に寄ると土方は通訳のオジャラブルを伴って上陸し、煙草を与えて島の様子などを聞き、船長にも島々のことを聞いた。終点はサタワルで、一つ手前がラモトレック（ナモッチョク）だ。この島にはコプラの仲買権をもつ日本人（山田音次郎）がいた。船長、甲板長、機関長、コックの四人の日本人は、行きと帰りに二日ずつこの島で享楽的な休暇を過ごすから島は荒れていた。船はラモトレックでコプラとパラオに出す交代人夫を乗せた。土方は日本人がいない手つかずのサタワルに住むことにした。サタワルには岩崎と名乗った黄永三という朝鮮人のコプラ仲買人が以前住んでいたが、長明丸が前回訪れた時、不審な死を遂げていた。船長が島民たちに聞くと、ヤシ酒を採ろうとして幹が折れて落ちて死んだという。その説明は怪しかったが証拠がないので船長はそれで終わりにした。土方が甲板長と機関長に意見を聞くと、黄は暴力的で酒飲みで間違いを起こす男だったから殺人を疑っていた。土方は島を離れる少し前に偶然に真相を知り、土方と入れ替わりにパラオから警察隊が来て、土人たちが黄を殺した証拠を見つけ、第一首長のサウファと彼の一族の男がパラオで処刑された（土方 1943: 3–26）。この記述には嘘と沈黙がある。

土方は殺された黄に代わってサタワルのコプラ仲買人となり、杉浦はコプラの管理をして、二人は南洋貿易ヤップ支店の仕事で生計を立てた（倉橋 1943: 96–97）。アトリエの前には雑貨屋を開いて

「南洋貿易サトワル分店」の看板を掲げた（*ibid*.: 134）。彼らは戸籍調べと島勢調査など警察と南洋庁の仕事も行った（*ibid*.: 93, 111）。土方は弟への手紙に「島でいちばん偉いのだから一寸気持ちがいい」と書いている（岡谷 2007: 64）。警察と南貿の後ろ盾をもつ末端の支配者の権力は、第一首長の権威を侵害したに違いない。土方はラモトレックのコプラ仲買人だった山田の死を不審に思い、杉浦に調査方法を教えて送り込み、島民に酒を飲ませて調べさせた。サタワルでは黄を殺した可能性のある島民の名簿を作って一人一人調査し、杉浦には島民に酒を飲ませて情報を集めさせ、黄を殺した犯人を突き止めて警察に引き渡した（倉橋 1943: 172–175）。そして逃げるように島を去ったのだった。

6　権威を欲望する権力者

土方はコロールに戻って間もない一九三九年一月一四日に南洋庁に電話で呼び出されて就職をもちかけられ、その際、サタワルでの調査について講演するよう依頼された（清水 2016: 183）。土方が一六日から一八日にかけて南洋庁で行った講演を、内務部地方課が速記から書き起こしている（土方 1939）。冒頭に最低限の情報を示した図がある。頂点が北を向いた二等辺三角形のサタワル島の中央を縦に切る二重線があり、東が官有地、西が民有地、そして民有地の北の海岸に①から⑩まで母系クランの居住地を示す数字が並ぶ。（一九三一年に行った戸籍調査では二百八十六人が住んでいた。）『流木』

の冒頭でサタワルは荒らされていないと仄めかされていたから、島の半分が官有地という事実は衝撃的だが、植民地政策を推進した帝国の文脈では自然なことだった。家並みの中央に島民たちがストアと呼んだ南貿の店があり、土方は五日目に連れて来られた（須藤健一が「お手伝いさん」と呼び、土方が「オ嫁サン」と記した）イニポウピーとここで暮らした。彼女はラモトレックから来てサタワルに最初に住んだと言われる（これが権威の根拠だ）第一首長の母系クランの若い娘だった。彼女は一九三五年六月一四日に月経小屋に行くと言って家を出たきり戻らず、結婚と離婚を繰り返して土方が島にいる間に死んだ。

一九三一年一〇月八日。第一首長のサウファは、肌が茶褐色のがっしりした巨大な老人で、眼はぎろりとして、両耳に黒光りする椰子殻の耳輪を嵌め、その下に白い貝の輪を下げていた。島民の家より大きな黄永三の家に土方たちを案内した後、南洋庁から村長に任命されていたサウファは、島民たちの人頭税を払うために長明丸に乗ってヤップに向かった（土方 1943: 28–30）。

人頭税と労役について少し触れておこう。十六歳以上の島民には人頭税が課せられ、土方は乗ってきた長明丸に大量のヤシ縄の束が積み込まれるのを見た。サタワルでは、二円五十銭の人頭税を現金で払えない者は、一束が百尋《ひろ》（およそ百八十メートル）のヤシ縄を八束出すことになっていた。ほとんどの島民がヤシ縄で払っていた（*ibid*.: 79）。一人当たりおよそ千四百四十メートルのヤシ縄を作るために、かなりの労力が必要だった上に、土方が長明丸で見かけたアンガワルの燐鉱山で働いた強制人夫や、中島がチューク環礁で見かけた軍用施設の工事現場で働く島民労働者などとして、割り当てに従って島の外で働かねばならず、戦争が近づくにつれて労役の負担は重くなった。

一九六八年から一九六九年にかけて東カロリンのモートロック諸島でフィールドワークを行ったジェームズ・ネイソンによると、エタル島の男たちは日本統治時代にアンガワルの燐鉱山やチューク環礁などで働いた。強制人夫の労働には、賃金は払われたが苛酷な仕事だった。島に残った女たちも島の集団労働に駆り出された。労働はきつかった上、女がそれまでやらなかった仕事をさせられたので、人々は労役を嫌い、日本の植民地支配が終わると、それは行われなくなった。誰が強制人夫に出るかは、クランの首長あるいは村長によって決められた。それに逆らうと日本人の警官に殴られるので、人々は口答えすることを怖がったという (Nason 1970: 217–223)。

長明丸が第一首長のサウファと大量のヤシ縄を積んで離岸すると、第二首長と第三首長とサウファと同じクランの村長代理の老人が挨拶に来た。「三人はお辞儀といふものがどの程度に頭をさげるものか、腰からまげるのか、背中でこごむのかわからないと云つたやうに、極めて不自然に、堅くなつて幾分ふるへてお辞儀をしてから、ランプ一つの薄暗い部屋の一方のベンチに並んで腰をおろしたが、三人とも赤い褌一本の裸で、三人とも椰子の葉で編んだポタオ（手籠）を持つている」(土方 1943: 31)。

ここは南貿のトレーディング・ポスト。前のエージェントは島民たちに殺された。この後ヤップから巡査が戸籍調べに来て一泊した時、島民たちは魚をもってきたが、土方のところには巡査をもてなす米も味噌も醤油もなかった。次の便で米一俵と味噌一樽が送られて来て、南貿ヤップ支店からの手紙が添えてあった。「どうか、サトワル離島を開拓してくれと、細々といろいろの注意と共にたのんできた」（倉橋 1943: 96）。巡査は長明丸に乗って島々を巡回し、品行不正の島民たちは怒られ、一人一人鞭打たれた（土方 1943: 291）。

一九三二年九月七日。島民のヤームクジャがパラオに強制人夫に出ていた男の妻を寝取って騒ぎが起きた。妻は関係を他言しなかったが、若者たちが人前で話題にした。「酋長のサウファは年甲斐もなく皆の前で彼を非難したので、ヤームクジャは恥ぢて、夜中に一人で舟を出して沖に出て行つてしまつた」（ibid.: 326）。土方はサウファが捜索のついでにラモトレックまで妻を乗せるからと椰子の実を取らせていたので「怒りつけて、直ちに舟を出させてやつたが〔…〕土人といふものは、いざとなつても一向眞劍さがないのには呆れてしまふ。そして他人のことを考へる時にも、必ずそれ以上自分のことばかり考へてゐるのだからいやになつてしまふ」と侮蔑を書き連ねた（ibid.: 327）。捜索に出た二艘のカヌーは翌朝戻ってきた。ヤームクジャはそれより前に島に帰っていた。

土方は権力のみならず権威においても第一首長より上にいることを示そうとしたらしい。しかし土方がカヌーに乗って別の島へ出かけたのは七年間の滞在中に一度だけであり、彼は海のリズムも島嶼のモラリティも上辺しか知らない。後に黄永三殺しの調査が実を結び、サウファはコロールで死刑判決を下され処刑された。弟子の杉浦は土方に言われて犯人を探した時のことを次のように証言している。「この際、日本の威信にかけても、徹底的に住民の惡は、滅ぼさなくてはならない、かうも思つた」（倉橋 1943: 173）。土方はサタワルに戻ることはなかった。第一首長の処刑に協力したのだから戻る場所はなかっただろう。土方久功を「日本のゴーギャン」と呼ぶ空虚な喩えは、彼の権力と権威に対する欲望から目を逸らさせる。彼は美術家であり、民族誌家だったが、南貿に雇われた帝国のエージェントでもあった。私たちは体制のマキネイションとどこかで縺れている。人類学者が支配者として振る舞ったために、先住民に殺されたもう一つの事件へと迂回しよう。

私は太平洋戦争の末期に、略奪を重ねながら敗走した日本兵たちを、日本兵の視点でもアメリカ兵の視点でもなく、先住の人々の視点から捉えた記述を探して、レナート・ロザルドの民族誌（R. Rosaldo 1980）と一九八一年にルソン島北部で調査中に転落死したミシェル・ロザルドの民族誌（M. Rosaldo 1980）を読み直していた時、二人の調査の六十年前に殺された人類学者のウィリアム・ジョーンズに興味を抱いた。

一九〇九年四月二日に最後の日記を書いた翌日、ジョーンズはルソン島でイロンゴットに殺された。彼は九歳までフォックス・インディアンの保留地で呪医だった祖母に育てられ、自分も呪医になりたかったが、紆余曲折を経てハーヴァードで人類学の博士号を取り、シカゴのフィールド自然史博物館に雇われた。アフリカか南洋かフィリピンで民族資料の収集をする選択を与えられたジョーンズは、一九〇七年八月に日本郵船の安芸丸でシアトルからマニラに向かった。一八九八年の米西戦争（Spanish-American War）を経て、フィリピンとグアムはアメリカ合衆国の植民地になっていた。（サタワルの人々はカヌーでグアムにも航海していた。）この年にアメリカはポリネシアのハワイを併合し、翌年にはドイツとサモアを分割して東側を占領し、太平洋の中部から西部まで進出していた。

日本のスクーナー船は、スペインとドイツとアメリカに遅れて、カロリン諸島とマーシャル諸島で交易を始めていた（cf. Peattie 1988; Hezel 1995）。

ジョーンズはマニラから船でルソン島の北に向かい、カガヤン川を遡り、一九〇七年一一月にエチャゲに着いてイロンゴットの地域に向かう準備を始めた。その地方のイロカノはイロンゴットを恐れていた。一九〇八年三月にイロンゴットが一人のイロカノの首を取り、警察隊が遠征してイロンゴットの無人の村を銃撃して帰って来た。一九〇八年四月一五日。ジョーンズはカガヤン川の上流に向い、その翌日には最初のイロンゴットと出会った。先はバラ色に思われた。彼らは親切で、米、サツマイモ、鶏肉、蜂蜜を竹の筒に入れてもって来た。ジョーンズはイロンゴットを「友人たち」と呼んだが、仕事の邪魔をされたり、無理な要求をされると自制できずに間違いを重ねた。一方、イロンゴットはジョーンズが与えた贈り物に嫉妬深く反応した。彼らの時間感覚は、工業化社会の時間感覚とは全く異質で（cf. Thompson 1967）、ジョーンズの感覚では彼らは時間を守らずいつも嘘をついた。

一九〇九年三月二九日。ジョーンズは博物館の収集物を運ぶ筏のためにイロンゴットにバルサをもって来させたが、数が足りなかった。三月三一日。彼らは来なかった。四月二日。ジョーンズは彼らが猟をしているのを見つけて激しく怒り、首長のタカダンを呼びにやらせた。タカダンが来ると彼を侮辱するために罵倒して、バルサと人を集めるから帰らせてくれと言うのを聞かず、首長を家に閉じ込めた。翌日ジョーンズはイロンゴットに襲われて殺された。三人のイロンゴットの若者が警察隊に捕えられ、第一審裁判所で死刑判決が下されたが、最高裁判所で恩赦が与えられ、原住民の警察が彼らを逃した（Stoner 1971）。権力者が権威をもてなかったのだ。

太平洋の植民地では、権力と権威の関係に矛盾が生じ、周縁のさらに周縁の離島や奥地では帝国の支配が及ばないところがあり、島嶼の人々と他所者たちの間には、前提とする関係性の相違に起因する誤認や怨嗟やルサンチマンが生じた。それらが重なり合って、上述したような殺人や死刑に処する契機が生まれた。しかし太平洋の島々が日本軍とアメリカ軍が敵を徹底的に破壊するための戦場となり、それぞれの戦略の中で飛び石や防塁として使われるようになると、そこに島嶼の人々の権力や権威が関与する余地は無くなった。

ペリリューの五つの村に住んだ人々は、日本軍の軍事施設の工事に動員され、島が戦場になる直前にバベルダオブ島に移住させられ、そこで日本兵たちによって労役に駆り出され、アメリカ軍の艦砲射撃と空爆を受けながら生き延びた。戦争が終わってペリリューに戻ると五つの村だけでなく、それぞれの祖先を埋葬した場所も、タロイモの沼も、全てが無くなっていた。島の地形さえも変わっていたのだ（Murray 2016）。ここでもまた、自分たちの世界だった場所が、他所者たちによって作り替えられ、見知らぬ世界になっていた。

II

コンタクト

1　ポリネシアへ至る道

フランス領ポリネシアの核実験に至る前史はいく通りもあるだろう。私には二つの導きの糸がある。一つ目は、一九四五年八月に広島と長崎の原爆の破壊力に魅せられたド・ゴール将軍が、終戦直後の一〇月にマダム・キュリーの娘婿フレデリック・ジョリオ＝キュリーを初代長官に任命して原子力庁（CEA）を創設し、一九四六年からフランス中部のリムーザン地方でウランの採掘を開始すると同時に、マダガスカルの各地でウランを試掘し、一九四八年にパリ郊外のシャティヨン要塞で原子炉ゾーエを稼働させてプルトニウムの生産を開始し、一九五八年にマルクールでプルトニウムを分離する再処理工場を稼働させ、その年からガボンのムナナでウランを生産し、アルジェリア戦争の最中の一九六〇年にサハラ砂漠のレッガーヌで核実験を行い、一九六四年にフランス領ポリネシアに太平洋実験センター（CEP）を創設し、一九六六年から一九九六年までモルロアとファンガタウファで百九十三回の核実験をつづけた道筋だ。アルジェリアもポリネシアもフランスの植民地ではなく海外領土と分類していたから、「核実験はフランスでやれ！」という人々の非難に対して本国《メトロポール》のエージェントたちは「ここはフランスだ！」と反論することができた。その言葉はそこで閉じている。シモーヌ・ヴェイユが気づいた「革命の幻想」がここでも関与している。自由《リベルテ》、平等《エガリテ》、友愛《フラテルニテ》という普遍のように響くナショナルなスローガンを謳歌するそのフランスが抑圧者になるのだ。

この経路にはいくつかの脇筋が絡んでいる。一つはド・ゴールの一九四〇年六月にフランスをドイツ軍に占領された時の屈辱と、彼の反動的な覇権と栄光への強迫観念。もう一つはラジウムやポロニウムなどの放射能を研究したマリー・キュリーと娘のイレーヌとその夫のフレデリックの白血病による死。マリーの夫のピエールは、駅馬車に轢かれて死んだが、被ばくのためにすでに体調が悪化していた。四人はノーベル賞を受賞した。彼女たちは、人類の幸福と発展に寄与する原子力開発に貢献したと賞賛されるが、白血病で死んだ。アメリカ政府は三月一日が巡って来ると、マーシャル諸島の人々は世界の平和と安全に貢献したと褒め称える。マーシャルの人たちの被ばくと引き換えに、ワシントンは核実験のとてつもない果実を手に入れた。フランス政府は二〇二一年七月二七日に、三十年間の核実験を行ったフランス領ポリネシアに対して負債があることを初めて認めた（Le Monde 2021.7.28）。しかし彼らは謝罪しない。賠償金の制度を作っても、認定の条件を狭く限定し、核兵器の開発をつづける。核開発／原子力開発においては、非常事態、秘密、時間稼ぎ、切り捨てが日常だ。暴力と主権と非日常と自己保持について考えるために、私はニーチェ、スピノザ、ベンヤミン、アーレント、ヴェイユ、アガンベン、その他に助けられるだろう。

二つ目は、一六世紀以降に太平洋に進出した他所者たちと島嶼の人々との出会いの歴史を辿る。そこには三回目の航海で交渉のために人質を取るようになったキャプテン・クックを含む探検家たちや捕鯨船員たちや宣教師たちや交易商人たちや移住者たちと先住民たちの出会い、アメリカ合衆国によるハワイ、グアム、サモアの併合とフィリピンの植民地化、日本による南洋群島の植民地化、広島と長崎の原爆投下に向かって進行した太平洋戦争、アメリカによるマーシャル諸島における核実験、フランスによるトゥアモトゥ諸島の東南のモルロアとファンガタウファにおける核実験、島嶼の人々の記憶という脇筋が絡む。アメリカは原爆実験につづき水爆実験を行った。フランスは十五年遅れて同じことを反復した。核開発／原子力開発には、遠くの周縁的《マージナル》な後背地が必要なのだ。私は二つ目の経路を辿りながら一つ目の経路に迂回しよう。

他所者たちは旗を靡《なび》かせた大きな船で現れた。スペイン、オランダ、イギリス、フランス、つづいてアメリカとドイツが太平洋に進出し、第一次世界大戦が始まると日本、オーストラリア、ニュージーランドがドイツの植民地を占領した。それにつづく太平洋戦争。トリニティーから始まり、広島を挟んで、長崎へとつづいたインプロージョン型核兵器の核実験は、一九四五年七月一六日から行われている。ヨーロッパの航海者たちの手記を読むと、太平洋の島嶼の人々は、大きな船で来た人々が所持した釘や錨その他の装備に魅せられ、これらを盗んでは殺された。槍や石で武装した人々は、大砲のぶどう弾の破壊力やマスケット銃の殺傷力を知らなかった。

マゼラン提督に率いられたトリニダード号、ヴィクトリア号、コンセプシオン号は、一五二〇年一一月二八日にパタゴニア海峡を抜けて太平洋を西北に進み、一五二一年三月六日にマリアナ諸島に到達するまで、トゥアモトゥ諸島の二つの小さな無人島以外に陸を見ることがなかった。船員たちは壊血病に苦しんだ。新鮮な食料を手に入れるために、発見した三つの島のうちの一番大きな島(グアム)に上陸したが食料補給に失敗した。「この島の住民たちがわれわれの船にしのびこんできては、手あたりしだいに物を盗んだからで、あまりひどくて手がつけられなかった。われわれが帆をおろして上陸しようとしていたとき、まったくあきれるほどの素早さで、旗艦の船尾に係留された小艇《スキーフォ》〔バッテルロ〕を奪いとってしまった。そこでひどく立腹した提督は、武装兵四十人を指揮して上陸し、四、五十軒の家屋と多数の小舟《バルケッタ》を焼きはらい、七人を殺し、小艇をとりもどした」(ピガフェッタ 2011: 65–66)。

上陸した兵士たちは、壊血病に苦しむ船員たちから人の内臓を取ってきてくれと頼まれていた。「われわれの大弓の矢が数人の者の脇腹を完全に突き通したとき、かれらはその矢をびっくりして見つめながら、あっちへこっちへとひっぱってやっと抜き取り、大いに驚いたふうだったが、こうして死んでいった。〔…〕われわれが出発するのを見ると、かれらは百隻〔艘〕以上の舟をつらねて〔…〕ついてきた。そしてわれわれの船に近づくと魚を見せて、いかにもそれを提供しようとしているふうに見せかけた。ところがやつらはわれわれに石つぶてをくらわして逃げていった。〔…〕舟には男にまじって何人かの女が泣きさけんだり、髪の毛をかきむしっているのが見えた。きっと殺された男たちのことを悲しんでいたのだとおもう」(*ibid*.: 66–67)。

一七六七年四月一一日。キャプテン・ウォリスのドルフィン号は、船足の遅いスワロー号を見失い、マゼラン海峡を通過して太平洋に入った。五月下旬には船員たちが壊血病で苦しみ始めた。六月六日に島(トゥアモトゥ諸島の東部)が見えた。五マイル北西にまた別の島が見えた。中尉の病状が悪かったので、(キャプテン・クックの二回目の航海に中佐として参加してアドヴェンチャー号の指揮を執った)フルノー少尉と武装した兵士たちを乗せた複数のボートを送り出した。岸に近づくと、二艘のカヌーがもの凄い早さで風下の島の方へ向かった。ココヤシの葉で葺かれた小屋は無人で、島には人影がなかった。ココヤシの実があり、カヌーが造られていたのが観察されたが、飲み水は見つからなかった。

六月七日。ウォリスは、船が停泊できる場所を探させるためにボートを出したが、リーフに開口部が見つからなかったので、その島(Pinaki)に「ホウィトサン島」(白衣の日曜日の島)と名づけ、その風下の島にフルノー少尉と武装した兵士たちを上陸させた。海岸で槍と篝火を手にした五十人ほどの男たちが身振りで帰れと合図をしたが、ビーズ、リボン、ナイフを食料や水と交換することを試みた。他所者たちはココヤシの実と水をもって来た島の男たちとこれらを交換した。釘の方が価値があるようだった。その最中に一人の男が小さな品々を包んでいたシルクのスカーフを中身と共に盗んだが、あまりの手際の良さに誰も気づかなかった。島の人たちに壊血病草をもって来るよう説得したが上手くゆかず、ボートは船に戻った。

六月八日。夜が明けるとウォリスは島に上陸させるためにボートを出させた。ボートが岸に近づくと、七艘の二つの帆の巨大なカヌーが島民たちを乗せようとしているのを見て、士官はとても驚いた。島民たちのカヌーは西の方に去った。島には誰もいなかった。午後、国王ジョージ三世の名においてこの島（Nukutavake）を占領するために、フルノーと兵士たちを上陸させて「シャルロット女王の島」と命名した。島には飲み水の井戸があり、ボートはココヤシの実と壊血病草と水を容れた樽を積んで帰って来た。ウォリスは体調が悪かったが、壊血病のために弱っている者たちと船医と共に上陸して島を散歩した。

六月九日。朝。水とココヤシの実と壊血病草を入手するため、兵士らを再び上陸させた。船医は病気の者たちを散歩させるために上陸した。ドルフィン号には水を入れた樽が運び込まれ、散歩をした病人たちも戻って来た。

無人の島には何艘もの小型のカヌーが残されていた（その一つが大英博物館にある）。ウォリスは島にユニオンジャックの旗を立て、船の名前と日時とイギリス国王の名において、シャルロット女王の島とホウィトサン島を所有することを記した板を残して西に向かった。十五マイル西の環礁に八艘の双胴カヌーが停泊していた。そこには島を去った八十人ほどの人々が女も子供も全ていた。槍と篝火を手にした男たちが大きな音を立てて奇妙なダンスを踊った。錨を下ろす場所が見つからず、食料と水が手に入るとも思えなかったので、ウォリスはこの島（Vairaatea）を「エグモント島」と名づけて西に向かった。

六月一八日。「オスナバラ島」と名づけたタヒチの風上に位置するウィンドワード諸島の島（Meheti'a）で、安ピカの小間物を見せて交換を試みた時、一人の男が岩陰から海に潜ってボートの四爪錨を盗み、浜の男たちが綱を引いて男を岸に引き寄せたので、船上から男の頭に向けてマスケット銃を撃った。男はひどく恐れて四爪錨を手放し、浜の男たちも綱を手放した。島には双胴の大きなカヌーが何艘も停泊していた（Wallis 1773: 234–249）。彼らは遠洋航海者だった。

2　愛は下部構造、星は下部構造

ベオグラードへの砲撃から第一次世界大戦が始まり、一九一四年八月四日にイギリスがドイツに宣戦布告すると、日本は逡巡の末、八月二三日に日英同盟を口実にドイツに宣戦布告し、九月一四日に横須賀から戦艦一、巡洋艦二、駆逐艦二、輸送船三の小編成の部隊を、ドイツ保護領のミクロネシアに派遣した。ドイツ海軍はすでにホーン岬に向かって去った後だった。アメリカは日本の動きに気づかなかった。日本海軍は戦わずに九月三〇日にマーシャル諸島のヤルート、一〇月七日にパラオのコロールに上陸した。グアムを除くミクロネシアの拠点を占領すると、日本は他国の船を締め出し、海軍が軍政を敷き、一九二二年に南洋庁が引き継いだ。これが松岡静雄の『ミクロネシア民族誌』（1927）の地政学的なコンテクストであり、土方久功と中島敦の南洋への旅を可能にした歴史的な条件だ。赤道の南側では、イギリスがドイツに宣戦布告すると、オーストラリアとニュージーランドが直ちにつづき、オーストラリアはドイツ領ニューギニアを、ニュージーラントはドイツ領サモアを簡単に占領した（cf. Peattie 1988: 41–44）。

マリノフスキが一九一五年五月から一九一六年五月まで、そして一九一七年一〇月から一九一八年一〇月までフィールドワークを行ったトロブリアンド諸島は、オーストラリアの支配下にあった。トロブリアンドの人々にとってヨーロッパの大戦争が直ちに意味をもたなかったとしても、『西太平洋の遠洋航海者』（Malinowski 1922）をあのような形において誕生させたのは、第一次世界大戦とオーストラリアによるドイツ領ニューギニアの占領だった。そして一九三〇年代になると、オーストラリアの白人たちがパプア・ニューギニアの高地に入ってくる。

一六世紀以降の太平洋の征服の歴史を振り返ると、一六世紀後半のスペインと一七世紀初頭のオランダ、一八世紀後半のイギリスとフランスに加え、一九世紀初頭にアメリカが覇権を争い、一九世紀末にドイツが進出し、日本はさらに遅れてやって来た。これらの国々は、征服と戦争と交渉によって領土の拡大を試みた。島嶼世界には存在しなかった銃と大砲が使われ、フリゲート艦とスクーナー船は補給のための中継基地を必要とし、性質の異なる統治システムが導入され、先住の神々は（以下で述べるオロ神のように）ファースト・コンタクトの後に一時的に強くなった例はあるものの、キリスト教宣教団の活動によって駆逐されていった。太平洋の島嶼の人々は、覇権を争った諸国が暴力と宗教と富を駆使した要求に翻弄されながら、日々の暮らしの根底に横たわるインフラストラクチャーの大転換を経験しただろう。

中島敦は一九四一年一二月八日の朝、南洋庁に向かう途中で日米開戦のことを知った。「朝床の中にて爆音を聞きしは、グワムに向かいしものなるべし。小田電気にて、其後のニュースを聞く。向かいなる陸戦隊本部は既に出動を開始。〔…〕腕章をつけし新聞記者二人、号外を刷りて持ち来る。ラジオの前に人々蝟集《いしゅう》、正午前のニュースによれば、すでに、シンガポール、ハワイ、ホンコン等への爆撃も行えるものの如し。〔…〕青年団、消防隊等の行進、モンペ姿の女等。夜の街は、すでに警戒管制に入れることとて、まっくら」（中島 1993: 298）。中島の日記に書かれたこれらの地名は、帝国の地理学からのコピーであり、ハワイがポリネシア人の世界だったことは知る由もない。『ミクロネシア民族誌』に付属する「南洋群島圖《ず》」は東経一七五度付近までしかなく、ポリネシアはその枠外だ。

後にフランスの核実験が行われた東ポリネシアに向かうために、同時代のフランスに迂回しておこう。ベンヤミンは一九四〇年九月二六日にナチ支配下のフランスからスペインに逃げる途中のピレネー山中で自殺した。彼が友人に託した原稿の一つ「歴史の概念について」は、後にアーレントが編集した論集に含まれる。テーゼⅧは次のように始まる。「抑圧された者たちの伝統が、私たちが生きる〈非常事態〉が例外ではなく規則であることを、私たちに教えてくれる」（Benjamin 1992

[1968]: 248)。

この一節は、カール・シュミットの主権論を参照している。シュミットの『政治神学』は次の一文から始まる。「主権者とは例外を決定する人である」(Schmitt 2005 [1922]: 5)。翻訳者が「例外」(the exception) と訳した Ausnahmezustand は例外状態／非常事態を意味する (Hoelzl and Ward 2008: 7, 134)。主権者とは例外状態／非常事態を決定する人である。しかし法や規範があるではないか。「法的秩序は一つの決定に依拠し、一つの規範に依拠するのではない」(Schmitt 2005: 10)。つまり主権者は規範に縛られずに例外状態を決定し、法的秩序はその決定に依拠するが、「例外〔状態〕において国家は自己保存の権利のもとに法を停止する」。さらに次のようにつづける。「例外〔状態〕において規範は破壊される」(ibid.: 12)。『政治神学』の初版は一九二二年に出版され、シュミットは一九三三年に国民社会主義ドイツ労働者党（ナチ党）に入党した。その翌年に『政治神学』の第二版が出版された。ベンヤミンは『政治神学』の初版を読んでいた (Benjamin 1998 [1928])。テーゼⅧはこれを再び参照するが、彼は抑圧された者たちの伝統が示すものを見て、対象から距離を置き、考察した。そこに主権の例外状態／非常事態という規則が支配する日常を反転させる契機がある。だが、ベンヤミンは生き延びることがなかった。(これについてはエピローグで再び議論する。)

一九四一年にはアーレントもレヴィ＝ストロースもアメリカに逃れていた。その頃、ヴェイユは南仏で死後に『重力と恩寵』となるノートを綴っていた。その終わりの方で「革命の幻想の恒常的な特徴は、強圧の犠牲者たちが、発生する暴力に関して無実であると信ずることにある」と彼女は書いた。被害者が暴力に汚染されて虐待者になることにヴェイユは気がついていた（Weil 1947: 199）。ド・ゴールは一九四〇年六月一七日にロンドンに亡命し、翌日、ＢＢＣのラジオ放送を通じて「自由フランス」はドイツに抵抗すると演説した。ヴェイユは一九四三年八月二四日にイングランドのアシュフォードで亡くなった。その一年後にパリを解放したのは、レジスタンスではなく、連合国だった。ド・ゴールはその後、広島と長崎に投下された核兵器の圧倒的な威力を知った。そして核兵器に魅せられてしまう。再び太平洋に戻ろう。

サンドウィッチ諸島は、クックが三度目の航海で訪れた一七七八年一月に「世界システム」に取り込まれた。その年の一一月にクックが北米の北西海岸からハワイに戻ると、島の男たちが来てペニスの異常を訴えた。クックは十ヶ月間で性病がそこまで広まるとは考えていなかった。クックはハワイで殺されたが、航海をつづけたジョン・ゴアがマカオでラッコの毛皮を魅力的な値段で売って北太平洋の毛皮貿易が始まった。カメハメハが銃と大砲でハワイを統一したのは一八一二年だ。その頃のハワイは感染症のために人口が激減していた。ファースト・コンタクトから三十四年が過ぎていた。一八一〇年から一八三〇年にかけて、広東で高値で売れた白檀を貿易船に供給した首長たちは豪勢な暮らしをしたが、白檀はやがて取り尽くされた。一八三〇年から一八六〇年にかけて、ホノルルは捕鯨船が水と食料と薪を補給し、船員たちが島の女たちと性交する中継港として栄えた。アメリカ、イギリス、フランスの軍艦が自国の市民の権利を守るという口実で次々と訪れ、砲口を向けて交渉してはまた戻って来た。一八四六年から一八五五年の土地改革によって外国人が土地を所有するようになり、一八六〇年以降は白人たちがハワイの資源と政府をコントロールするようになっていた（Sahlins 1985: 1–3; 1992: 1–9）。

これはハワイが世界史に取り込まれた過程についてのポリティカル・エコノミーの素描であり、なんら不思議なところはない。しかしサーリンズは、クックらが関係したハワイの女たちとの愛を、経済システムなど下部構造《インフラストラクチャー》の上に成立した文化的な上部構造《スーパーストラクチャー》と考えるのではなく、性愛、特に首長の性愛と多様な形態の婚姻は、ハワイの下部構造だったと論じた。それはパフォーマティヴな構造だったというのだ。個の水準では、クックらが出会ったポリネシアの女たちの性的な関係への誘《いざな》いは、規範に従って行われたのではなく、性愛によって同盟が作られ、子供が生まれ、土地の再分配と地位と権力と富の変容を引き起こし、それはいくつもの系譜を辿って祖先に遡る経路を作る遂行的な行為だった。全体の水準では、王国は性的な魅力の昇華だった。だから宣教師たちはこの愛の異教性を恐れて弾圧したのだ（Sahlins 1985: 1–31）。これはポリネシアに固有の仕掛けだったとは思えない。以下で述べるように、フランス兵たちも同じことをした。これもまた支配の下部構造を構築したのではなかったのか。しかし兵士たちは国家の暴力装置でもあったから、制度と兵器と身体からなるこれらの下部構造は縺れ合っている。

ファースが一九二八年七月から一九二九年七月にかけてフィールドワークを行ったティコピアは、イギリス領ソロモン諸島のポリネシア人の離島だった。航海者たちは、星を見て遠くの島に向かった。クックの一回目の航海に同行した博物学者のバンクスがエンデヴァー号に乗ったトゥパイアから聞いた航海術も、ファースが聞き書きしたティコピアの航海者の伝説も、土方が話を聞いたサタワルの航海術も、異なる時代の異なる島嶼の遠洋航海者たちは、星座という同じ探索のインフラストラクチャーを使って太平洋を島から島に旅した。

ファースが聞いたところによれば、四世代前にピレニという航海者が四人の仲間たちとカヌーに乗ってアヴェリとして知られる島に行き、山の上の住人たちを襲った。仲間の一人は浜で「首長のように眠る」間に殺された。残りの者たちは間一髪で目覚めてカヌーに向かって走った。一人がよく見ずに角を曲がり、尖った岩に胸をぶつけて死んだ。ピレニは矢を放つ追っ手に尻を見せて侮辱しながら逃げていたが、矢が首に刺さった。それでも彼はカヌーまで辿り着いた。もう一人の仲間のティオは、逃げながら池に飛び込んで隠れた。敵はやみくもに池に矢を放って槍で突いたが、水中にじっと隠れ、飛び出して海岸まで走り、岸から離れたところを漂っていたカヌーまで泳いだ。彼らは大海の中で方向が分からなくなり、ピレニに聞いた。「父よ、陸はどこか」。ピレニは弱々しく一つの星を指差して、「舳先をあそこの星に向けろ」と言った。矢は刺さったままだった。しばらく経って方向を聞くと、また答えが帰ってきた。こうしてピレニは天空の知識によってカヌーをティコピアまで導いて死んだ（Firth 1935: 82–83）。

3　主権の初めに暴力があった

キャプテン・ウォリスは一七六七年六月一八日に発見した島を、イギリス国王ジョージ三世の第二子でオスナバラの領地の主教であるフレデリック王子を記念して「オスナバラ島」と名づけ、同日の午後二時に西に向かって出帆した。ウォリスによれば三十分後（ロバートソン航海長によれば一時間後）、高い陸地が見えた。その山々の頂は雲に覆われていた。未知の南方大陸《テラ・アウストラリス》かもしれない。しかし、悪天候のため座礁を恐れて船を止めた。六月一九日未明の二時に快晴となり船を帆走させた。夜が明けると陸が姿を現した。船は陸に向かって進み、朝八時には陸の近くまで来ていたが、霧のために船を止めた。

「そして霧が晴れ上がると、なんと驚いたことに、我々は数百艘のカヌーに取り囲まれていた。さまざまな大きさのカヌーに一人から十人が乗り、その数は八百人を下らなかっただろう。彼らは拳銃の弾丸が届くほどのところまで来ると漕ぐのを止め、非常な驚きとともに我々をじっと見て、それから次々と交互に話し合った。その間に我々は彼らに多様な種類の安ピカ物を見せて、船に来いと手招きした。それから彼らは何をするべきかを決めるために集まり、話し合い、船の周りに漕いできて、友好の仕草を見せた。一人の男がバナナの枝を差し上げて十五分近く演説をした後、それを海に投げ込んだ」（Wallis 1773: 250–251）。

「非常な驚きとともに我々をじっと見て」と他者の心に生じた畏怖を記すウォリスの文章には、島嶼の人々に対する彼らの超越性への自負が滲み出ている。ロバートソンは六月二四日の日記に、彼の仲間のある者たちは、原住民たちが彼らのことを「半神」（Demi-God）のように思っていると記した（Robertson 1955: 43）。当時のイギリスは、フランスと世界各地で戦った七年戦争に勝利した直後だったから、王立海軍はその優越性に自信を深めていたに違いない。しかし原住民たちには白分たちが半神に見えたに違いないと感じたその直感は、王立海軍の軍人たちの自惚れに留まらず、ウォリス（そしてクック）が「世界システム」と接続したポリネシア世界で神格化され、人間の供犠が捧げられた戦いの神（そして豊穣の神）に取り込まれていった象徴のしなやかさにも連なっている（Sahlins 1981a, 1981b: Dening 1986）。主権の初めに暴力があった。しかし、今は一七六七年六月一九日から八日間に起きた出来事の端緒に接近しよう。

　ドルフィン号は数百艘のカヌーに囲まれていた。船の中では、ウォリスも、ロバートソンの上官で彼とは反りが合わなかったクラーク一等海尉も、その他三十名以上の者たちも壊血病に苦しんでいた。だから新鮮な食料と水を手に入れる必要があった。ロバートソンとゴア航海士（ジョン・ゴアはバイロン准将が率いたドルフィン号の最初の世界周航に参加していたから、これが二度目で、後にクックの一回目と三回目の世界周航に参加する）が、敵意をもつカヌーの大群に囲まれながら、二艘の小型艇で錨地を探して水深を測定していった。ウォリスは船上からそれを望遠鏡で見ていた。ロバートソンの記述には、ウォリスの文章にはない近さがある。

> 一七六七年六月一九日。〔…〕一人の美しく生き生きとした若い男が、危険を顧みず船に乗り込んできた。彼は後檣《こうしょう》の横静索《よこせいさく》を登って天幕の上に飛び降りた。だが我々はそこにいなかった。我々は彼に後甲板に降りてくるよう手招きして、安ピカ物を差し出したが、彼は声を上げて笑い、我々を凝視し、横付けになったカヌーのインディアンたちが長い演説をしてバナナの木々を投げ込むまで、何も受け取ろうとしなかった。平和の象徴であるバナナの木々が投げ込まれてから、彼はいくつかの安ピカ物を受け取り、我々と握手した。その直後に多くの者たちが船に乗り込んで来たが、我々は最初に来た者以外には何も与えなかった。彼らは最初のうちは平和を好むように見えた。我々は身振りで豚と鶏と果物をもって来るように伝え、粗悪な衣

服とナイフと斧とビーズとリボンの数々を見せて、物々交換したいことを理解させた。我々のやり方は、ある男たちが豚のようにブーブーと言ったり叫んだりしてから岸を指さし、また別の男たちが鶏のように鳴いた。島の人々はこれを理解して、我々の仲間たちと同様にブーブーと言い、鶏のように鳴き、岸を指さして私たちのところにそれらをもって来ようと身振りで表現した。

我々は彼らにカヌーに乗って我々が求めているものをもって来るように身振りで伝えた。彼らはこれを観察して、何人かカヌーに乗り込んだが、残った者たちがいくつかの鉄の支柱と鉄の輪を引き抜いてもち去ろうとした。これらが壊れないのを見ると彼らは非常に驚いた。我々は彼らがとても気に入っているはずの釘を何本か見せた。彼らは鉄で作られている物なら何であろうと、とても気に入っているようだった。そして彼らは鉄製品をもたずに帰りたくない素振りを見せた。この時、非常に多くのカヌーが横付けになっており、彼らは少し不機嫌になっていた。だから我々は彼らの頭上に九ポンド砲を撃って脅かし、カヌーに追い立てねばならなかった。これには思った通りの効果があり、全員が海に飛び込み、彼らのカヌーに向かって泳いでいった。全てのカヌーは船から百ヤードほどの辺りまで漕ぎ進み、仲間が泳ぎ着くまでそこに留まった。

彼らの一人が、我らの若い紳士ヘンリー・イボットの金糸で刺繍した帽子を引ったくって海に飛び込んだ。船から二十ヤードほど離れると、彼は帽子を掲げて頭に被った。我々は彼を呼び、複数のマスケット銃で狙ったが、彼はそれらが何のためのものか知らないから、気にも留めなかった。彼が自分のカヌーに戻ると、彼らの全てが船に向かってきた。彼らは分捕品をさらに手に入れようとしたのだろうが、我々はそれをさせまいとして帆を揚げて岸から離れた。我々が彼らよりも早く航行するのを見て、彼らは岸に戻っていった（Robertson 1955: 19–22）。

詳細は後回しにして、今はこれにつづく出来事の概略を示しておこう。ウォリスは上陸に抵抗する者たちに向けてマスケット銃と大砲を撃たせ、その破壊力を思い知らせるため、山に逃げて安心している人々に対しても複数の種類の砲弾の効果を実験した。さらに海岸に上陸させた船大工たちにカヌーを破壊させた。ウォリスはこうして暴力で人々を恐れさせ、脅しによって攻撃を抑止し、六月二六日に王立海軍のペナントを海岸に立て、この島を「ジョージ三世島」と名づけてイギリスの君主《ソヴレイン》が領有することを宣言した。

島の人々はこの儀式を川の対岸から見ていたが、その意味するところ、すなわちイギリス国王の主権《ソヴレインティ》については何も理解していなかっただろう。だが、人々は、岸に立てた帆柱の上にウォリスがはためかせたペナントの至高性《ソヴレインティ》を、ドルフィン号の大砲とマスケット銃の畏るべき破壊力との関係において理解していただろう。その世界には至高神が存在したからだ。この典礼のために上陸したフルノー二等海尉は、一人の長老に水が汲みたいとだけ言い、長老は水を好きなだけ汲んでいいと答えた。

主権と至高性の根底には、法律や国際条約以前の部分、国家装置以外の部分、外来の冷酷な暴力による在地の力能とその配置の徹底的な破壊がある。初めに暴力が存在し、政体は後にこれを取り込もうとするが、それは首尾良く内在化されない。原爆も基地も。フーコーの生権力とは異なり、暴力は外在的な性質を与えられ、平時は隠され、あるいは遠ざけられる。それは戦争神の暴力の微妙な位置（内山田 2011）、至高神の支配の両義性（Dumézil 1948）、そしてウォリスが航海記に記した暴力が先行する主権権力の樹立の秘密だ。

4　銃を向けると彼らは笑った

航海長のロバートソンによると、一七六七年六月二〇日は、東から一ポイント北寄りおよび東北東の強風。曇りで靄がかかっていた。短く協議した後、船は安全な錨地を探して西に帆走した。「岸と並行して航行しながら、私たちはマストの上から浅瀬はないかよく見張っていたが見つけられず、岸からおよそ二マイル離れたところに岸と並行して岩が連なる大環礁を認めただけだった。この環礁には大きな開口部がいくつかあり、船が入って行くための十分な広さと水深があるように見えた。環礁の内側の水深は深く、海底の状態さえ良ければ、多数の船が投錨するに十分な広さがあるように思われた」(Robertson 1955: 23)。

午後三時に船は大きな湾と並行するところに来た。投錨可能な場所を探して湾の水深を計測するため、ゴア航海士と武装兵たちを乗せたカッター(一本マストの雑役艇)を出したが、環礁に近づくと夥しい数のカヌーに取り囲まれるのが船から見えた。キャプテンはゴアにシグナルを送り、「インディアンたち」を脅すために九ポンド砲を彼らの頭上に向けて撃たせた。カッターはカヌーの群れを振り切って帆走したが、数艘のカヌーが行く手を遮って石を投げてきたので、ゴアはマスケット銃を撃ち、石を投げた男を戦闘不能にした。カヌーの群れは大混乱に陥り、カッターは帰艦することができた(*ibid.*: 23–24)。

六月二二日。東南東および東の強風。快晴。船は陸の北側を岸から三マイル離れて帆走した。ロバートソンはマストの上から浅瀬を探しつづけた。この時、キャプテンを含む多くの乗組員が壊血病に苦み、病状の重い者たちは死に瀕していた。新鮮な食料を手に入れるためには危険を冒して上陸した方が良いのか、何千ものカヌーに取り囲まれて船と小型艇と命を危険に晒しても良いのか、安全のためにはテニアンまで行った方が良いのか等々、彼らは壊血病に苦んで補給と休息のためにテニアンに二ヶ月も滞在することになったアンソンの世界周航(1740–1744)を引き合いに出して、前夜あれこれと話し合っていた(*ibid.*: 27)。

朝、錨地を探して水深を測定させるために、武装したバージ(司令官艇)とカッターが降ろされ、ロバートソンとゴアがそれぞれに乗った。彼らが出発すると岸から無数のカヌーが押し寄せた。

「私たちがたくさんのカヌーの中に入ってゆくと、彼らは手を振って出ていけと合図し、私たちが岸に向かって進むと彼らはとても怒っているように見えた」(*ibid*.: 28)。ロバートソンとゴアたちは、細かい黒砂の良好な錨地を見つけて船に信号を送った。ドルフィン号は、岸からおよそ二マイル離れ、東南東の方位から北西の一ポイント西寄りの方位まで陸を望む位置に投錨した。ロバートソンが船に戻ってキャプテンに水深測定の報告をしていると、ココナツその他の果物、鶏、豚を乗せた多数のカヌーが来て交換が始まったが、彼らの態度は横柄だった。彼らは釘や小間物を受け取るまで何も渡さず、乗組員たちを小突いたりしたが、彼らの気質を確かめるまでは手出しはするな、とキャプテンが言うので、少しの間、その横柄な態度を我慢した (*ibid*.: 28–29)。

ロバートソンは、水深測定をしながら水が汲める場所を探すようにキャプテンから命じられた。岸には何千人もの原住民が出ていて、ボートの周囲には百艘近くのカヌー、岸との間にはその二倍近くのカヌーがいて、中には八人、十二人、十六人を乗せた船首の長い双胴のカヌーがいくつもあった。大きなカヌーは帆走し、小さなカヌーは櫂を漕いだ。「私たちがバージとカッターで出発するやいなや、帆走する全てのカヌーが私たちを追いかけて、ホーホーとヤジり、けたたましい音を立てたので、〔…〕私たちに対して彼らが何か企んでいることに気がついた」(*ibid*.: 29)。ロバートソンの視点からその先をつづけよう。

それらの大型カヌーが近すぎて水深測定は不可能となり、水を汲む場所を探すためにそこを離れたが、彼らは追ってきた。私たちが怖気づいていると彼らは思っているらしく、態度がより横柄になった。岸では人々が上陸しろと手を振るのが見えた。私は彼らが圧倒的に多い上、これらのカヌーの横柄な態度を考えると、任務の遂行は無理だと判断して帰艦を命じた。すると岸では人々が大声で叫び、周囲のカヌーはホーホーとヤジり、男たちがボートに乗り込もうとした。彼らはとても怒っているようだった。船まであと一マイル半の辺りで、大型カヌーの一つがカッターに横付けして測鉛を下ろすブームキンを奪い取り、縦帆を切り裂いた。カッターはツルハシと銃剣で反撃した。バージに乗り込もうとした一人を追い返すと、今度は三人の大男が一気に乗り込もうとしたので、私は水兵たちにマスケット銃を構えさせた。だが、彼らは声を立てて笑い、カヌーの船首をバージの船尾にぶつけ、櫂と棍棒を手にした四人の大男たちが船首に飛び移り、今にも我々のボートに乗り込もうとした。私は脅すためにカヌーに向かってマスケット銃を撃たせた。彼らは少しびっくりしたが、誰も傷つかないのを見ると叫びながら我々のボートの船尾に向かってきた。私は暴力的な手段を使う必要がある状況にあると考え、最も大胆不敵に見える二人を撃つように命じた。軍曹が撃った男は死に、水兵が撃った男は腿を撃たれ、二人は海に落ちた。これを見て全ての男たちは海に飛び込んだ（*ibid.* 29–31）。

彼らはマスケット銃を恐れたが、もう危害が加えられないとみるやカヌーに飛び乗り、二人を引き上げた。「一人は全く死んでいるようで、彼らは彼を立たせようとしたが、立てないことが解ると、座らせようとしたが、彼が全く死んでいることを知った。彼らは男をカヌーの底に横たえ、一人がもう一人の男を支え、他の者たちは帆を上げて陸に向かった」（*ibid.*: 31）。この後は誰も二艘のボートに近づこうとしなかった。

六月二二日。東および南東の強風。曇り時々雨。数多くのカヌーがバナナ、パンノキの実、その他の果実、豚、鶏を乗せてやって来て、釘や安ピカ物と交換した。彼らは概ね正直だったが、中にはペテン師たちがいて、釘と小間物だけ取って行った。しかしマスケット銃を向けると釘などを返し、あるいは対価を手渡した。「彼らはマスケット銃の用途を知り、私たちが彼らの二人の仲間を殺したと身振りで表現した。彼らは次のようにして彼らのことを私たちに理解させた。彼らはボンと大声で叫び、次に胸と頭を覆い、目を見開き、身じろぎせずに後ろに倒れた」（*ibid*.: 32）。

この日はゴアがバージとカッターを指揮して、水深測定をしながら飲み水を探し、可能であれば上陸することになっていた。彼らのカヌーは二艘のボートに近づこうとせず、岸には大勢の男と女がいて、上陸するように合図したが、それには答えず、釘と小間物を見せて、水が欲しいと伝えた（*ibid*.: 32–33）。

キャプテン・ウォリスは異なることを記している。ボートが戻ると、水が入った数個の瓢箪をもち帰っただけだった。あまりにも多くの人が岸にいたので上陸できなかったようだ。前日と同様に、若い裸の女たちが、意味の取り違えようのないあらゆる猥褻な仕草で誘いをかけてきた（Wallis 1773: 258）。

5　ウォリスのペナント

ドルフィン号は、棍棒と石と裸の女で武装したタヒチの人々を圧倒的な武力で攻撃した。なぜ、カヌーの舳先の裸の女が武器になるのか？　トロブリアンドのクラ交換のカヌーの舳先板は、名人の手によって赤白に塗り分けられたゲシュタルト模様が彫刻され、さらに複数のクラ財宝で飾られた。魅惑する技術で彫刻された舳先板の群れが、海岸で待つ相手に接近してゆく。これらの舳先板は、その美しさで敵の目を眩ませ、魅惑し、戦意を失わせる心理的な武器だった（Gell 1998: 68–72）。同様にして、カヌーの舳先の裸の女たちは、敵を魅惑して戦意を喪失させる情動的な武器だった。

だが、近代的な戦争で使われる高性能の砲弾やミサイルは、まして核弾頭は、美しさで敵を魅惑する武器ではない。遠く離れた場所から、標的殺害どころか、敵を周囲世界ごと破壊し、無差別に殺す。それが抑止力の性質だ。さて、ロバートソン航海長によると、一七六七年六月二三日に水深測定の小型艇を指揮したゴア航海士は、水を容れる六つの樽を島の男たちに渡したが、戻った樽は四つ。そこで考えられる限りの友好の合図を送ったが、男たちは上陸しろと合図してきた。フェアーな方法では埒が明かないので、ゴアはマスケット銃を向けて脅した。ところが離れた場所から傷つけられるはずがないと思ったのか、彼らがげらげら笑うので、ゴアは弾丸が遠くまで飛ぶことを教えるために、岸に向けてマスケット銃を撃った (Robertson 1955: 33)。「これで彼らが自分たちの危険な状況を思い知って賢明に振る舞うだろうと考えたのだが、望んだ効果はなかった」(*ibid*.: 34)。誰も傷ついていないことを知ると、彼らは若い女たちを海岸に連れてきた。「この新たな眺めに、我々の男たちはかなりの妄想を掻き立てられ、原住民たちはそれを観察して、若い女たちに数々の卑猥なわざを繰り出させ、男たちは友好的な合図を送って岸に上がってこいと誘うのだった〔…〕」(*ibid*.: 34)。

島の男たちに頼って水を確保するのは不可能だった。飲み水の不足は深刻だったし、彼らは怒っていた。私は彼らをすでに二人殺している。もし私の命、あるいは私を気づかう仲間たちの命が脅かされたならば、私はまたやるつもりだ。ロバートソンは船上でそう言った (*ibid*.: 35)。

ウォリスによれば、暴力は自己防衛のために行使された。五十艘以上のカヌーを破壊させた翌日の六月二七日、キャプテンが上陸させたフルノー二等海尉（トビアス・フルノーは西インド諸島で七年戦争を戦い、ウォリスの世界周航に参加した後、クックの二回目の世界周航にレゾリューション号の僚船アドヴェンチャー号のキャプテンとして参加する）は、前日にペナントがはためく帆柱の周りを踊る姿が目撃された老人に、カヌーに積まれていた石の山を見せて、「インディアンたちこそが侵略者だったこと、我々が加えた危害は自己防衛だったことを理解させようとした」（Wallis 1773: 273）。その老人は長い演説をしたが、二等海尉は一言も理解できなかった。もしその老人がフルノーの言葉を理解できたとしても、マオヒたちこそが侵略者であり、ドルフィン号の攻撃は自己防衛だったという説明は、理解不可能だ。圧倒的な武力で徹底的な破壊をした後で、王立海軍のペナントを立て、その地を「ジョージ三世島」と命名してイギリス国王の主権を宣言するのは、特殊な慣習だからだ。彼らが理解したのはその暴力の強度だった。しかしそれが核心だ。再びその数日前に戻ろう。

一七六七年六月二三日。東の風。強風。曇り時々雨（Robertson 1955: 33）。ウォリスによると、明け方に沖に向かって風上に帆走すると後方に湾が見えた。二艘の小型艇に湾の水深測定をさせながら後方を航行中に、海底から突き出た岩礁に乗り上げてしまった。「状態は極めて危機的で、船は凄まじい力で岩にぶつかりつづけ、我々は大勢の男たちを乗せた何百艘ものカヌーに囲まれていた。だが彼らは船に乗り込もうとはせず、船が難破するのを期待して待っているようだった」（Wallis 1773: 259）。運良く陸風が吹き、船が回転して岩礁から離れ、全ての帆を上げて再び深い海に出た。午後になって航海長から良い錨地を見つけたとの報告を受け、翌日の早朝から綱で船を湾の奥に引くことにして、全員を武装させ、全ての大砲に砲弾を装填し、夜警を強化した（*ibid.*: 260–261）。

島嶼の人々は難破船から釘が採れることを明らかに知っていた。一七二二年五月一八日。南方大陸《テラ・アウストラリス》と新しい交易ルートを探して南太平洋を西に向かって航行中のオランダ西インド会社に雇われたヤーコプ・ロッヘフェーンが率いる三隻の一つ、アフリカーンシュ・ガレーがトゥアモトゥ諸島のティケイで座礁した。一人が水死し、乗組員たちは別の船に乗り換えたが、五人が拒否して島に残った（Laroche 1982; Roggeveen 1994）。その難破船の鉄釘は、島嶼間で交易され、島に残った西洋人たちも異なる島々に移動した。後に英語圏でソサエティ諸島、フランス語圏でソシエテ諸島と呼ばれるようになるマオヒの世界では、アウトリガーのない巨大な船が来ると言い伝えられていた（Driessen 1982）。

一七六七年六月二四日。東の風。快晴。三百尋（一尋＝百八十三センチ）の大綱を繰り出して船を湾の奥に引く。朝六時に三百艘、八時には五百艘ほどのカヌーが船を取り囲み、交易が始まった。男たちの数は少なくとも四千人。それぞれのカヌーの舳先に美しい若い女が乗り、さまざまな卑猥なわざを繰り出すので、我々の人員は全て舷縁に釘付けになったが、全てのカヌーに石が積まれているのが確認された。岸では大勢の男と女と子供たちが見物していた。一艘の大きな双胴カヌーから合図が出されると、間もなく交易は中止され、大小の石が甲板上に降ってきた。歩哨に銃を撃たせたが効果がないので、大砲でぶどう弾を何発か撃ち込むと、すさまじい恐怖が彼らを襲った。球形弾が当たるとカヌーは木っ端微塵になり、カヌーは船の周りから全ていなくなった（Robertson 1955:

40–41)。

彼らは我々の砲弾がどれほど遠くに届くのかを知らず、そこは安全だと思い込み、船から一マイル離れた辺りに全てのカヌーが集まり始めた。「彼らに危険の中にいるという分別をもたせ、この船に対するいかなる攻撃も抑止するために」、指示を出す王のカヌー（タヒチには首長たちは存在したが、イギリス人が想像するような王はいなかった）にぶどう弾と球形弾を撃ち込むと、カヌーは二つに割れた。五、六艘の小さなカヌーの男たちが死傷者を引き上げ、壊れた偉大なカヌーを曳航していった。球形弾が曳航物に命中したが、彼らは逃げず、ロバートソンは感動した（ibid.: 42）。

ウォリスはロバートソンが見過ごした重要な出来事を記録していた。攻撃が始まる直前に大きなカヌーが近づいてきた。カヌーには石が積まれ、男たちが掠れた声で歌い、法螺貝を吹き、フルートを吹いていた。双胴カヌーの天幕の上にいた男が、船の横に行きたいと私に合図した。私が了解したと伝えると、彼は舷側に来て、我々の一員に赤と黄の羽の束を渡して、私に手渡すように合図した。私は親しみを込めてそれを受け取り、お返しに安ピカ物を渡そうとしたが、とても驚いたことに、彼は船から少し離れ、一本のココナツの木を放り投げると、全てのカヌーから一斉に叫び声が上がり、船上に石の雨が降り注いだ（Wallis 1773: 263）。

ウォリスは神の力を媒介する赤と黄の羽を知らなかったから、安ピカ物を与えようとした。双胴カヌーの男は、交易しようとしたのではなく、ウォリスの命を取ろうとしていたのだ。クックの場合はどうだろう。クックは三度目の航海でタヒチを訪れた一七七七年、インコの赤い羽の束をある首長に贈った。彼は他所者たちの偉大な首長に見えていただろう。クックはハワイでロノ神として崇められた後で殺されたが、彼は神だったから再来すると思われた。問題の糸口を要約しておく。

一七六七年六月二六日。フルノー二等海尉が「王港湾《ロイヤルポートベイ》」（マタヴァイ湾）の岸にペナントを掲げて岸を離れると、「彼らはそれがまるで半神であるかのように、それに儀式的に近づくように見えた」(Robertson 1955: 50)。一人の老人がその周りで踊るのが見えた。緑の枝が投げられ、大きな豚が供えられ、夜通し儀礼がつづいた。朝になるとペナントが取り去られていたことにウォリスは気がついた。クックが三度目にタヒチを訪れた頃、首長たちの戦争は激しさを増し、戦争と豊穣の神であるオロへの人身供犠は頻繁に行われるようになっていた。クックはオロ神の祭壇《マラエ》で人身供犠に参加し、赤い羽を縫い込んだ首長の儀礼のガードルに、ウォリスのペナントが縫い込まれているのを見た。オロ神の力は王立海軍の赤いペナントの威力を取り込んでいた。象徴の次元で。私はウォリスのペナントが縫い込まれた意図、デニングの「実は何が起きたのか」を上手く捉えていないので、言い換えよう。力能の次元で。

6　オロ神が死んだ

一七七七年八月一二日。クックはオマイとして知られたライアテア出身のマイを伴い、ウォリスが十年前に「王港湾《ロイヤルポートベイ》」と名づけたマタヴァイ湾に戻ってきた。マイは四年前にクックの二回目の世界周航でレゾリューション号の僚船を指揮したキャプテン・フルノー（ウォリスのドルフィン号の二等海尉）のアドヴェンチャー号でイギリスまで行き、ロンドンで二年近く過ごした後、レゾリューション号でタヒチに帰ってきた。クックはこの後ハワイへ向かう。

ドルフィン号の最初の世界周航を指揮したバイロン准将が、一七六五年六月九日にトゥアモトゥ諸島のタカロアとタカポトに上陸した時、近くのティケイで四十三年前に難破したアフリカーンシュ・ガレーの鉄釘と意味不明の言葉を話す白人の老人を目撃し、数名の島民を撃ち殺してココナツと壊血病草を手に入れた出会いの後、一七六七年六月にウォリスがタヒチに上陸した。それ以来、ヨーロッパの船がポリネシアに頻繁に訪れるようになっていた。タヒチでは一七六八年四月にフランスのブーガンヴィル、一七六九年四月にクック、一七七三年八月と一七七四年四月にはクックが再三訪れていた。クックは三回目の航海で一七七七年八月にタヒチを訪れた時、スペイン人が（ペルーから）来て家を建てていたことを知った。

「我々が島に近づくと、最初に二、三人の男たちが乗った何艘ものカヌーがやって来たが、彼らは単なる平民たちに過ぎず、オマイは彼らを無視し、彼らも彼を無視し、彼らはしばし言葉を交わしたにもかかわらず、彼が同胞であることに気づかないようだった。ようやく私が以前から知っていたオオティィエという名のオマイの義理の兄弟でもある一人の首長がたまたまここにいて、オマイがキャプテン・フルノーと船出する以前からの知り合いだった三、四人の男たちと共に乗船してきた」（Cook 1999: 494 強調筆者）。

彼らは互いに無関心を装っていたが、マイがオティィエを船室に連れて行き、引き出しを開けて、赤い羽を手渡すと、オティィエはマイを友と呼び、マイはその栄誉に対して赤い羽をさらに贈り、オティィエはその返礼にと、岸に豚を取りに行かせた。それを見ていたクックは日記にこう書いた。「彼らが愛するのは人ではなく、彼の財産であることは誰の目にも明らかだった。だから、もし彼が島にもって来ることができるものの中で最も価値が高い赤い羽の房を見せなかったら、彼には一個のココナツさえも与えられなかっただろう」（*ibid*.: 494）。クックにとって、インコの赤い羽は高額な通貨だった。

一七七七年八月二四日。「朝九時頃、王のオトゥが大勢の人々を乗せた非常に多くのカヌーに付き添われてオパレからやって来てマタヴァイ岬に上陸し、使いを遣して、ここで会えたら嬉しいと伝えてきた」（*ibid*.: 497）。トゥがタヒチの最初の王となったポマレ一世として在位したのは一七八八年から一七九一年までのことで、当時の彼は、マタヴァイ湾に近いパレ（現在のピレ）の偉大な首長だったが、王ではなく、エイメオ（モオレア）の首長らと覇権を争っていた。クックとマイは、それぞれ大きな赤い羽の束その他の贈り物を携えて上陸した。

八月三〇日。朝、エイメオからトゥの元に伝令が来て、島では戦争が始まり、トゥの仲間たちは山に逃げたと伝えた。トゥの家には首長たちが集まっていて、クックは戦争に加勢するよう要請された。通訳のマイが不在だったので、クックは自ら、自分はエイメオのことはよく知らないし、その島の人々に攻撃されたこともないから、戦争には参加できない、と可能な限りの説明を試みた。

当時のソサエティ諸島の階層性と赤い羽と至高神オロと主権の関係について簡単に述べておこう。ロンドンから戻ったマイ、彼の義理の兄弟「オオティィエ」、ソサエティ諸島の覇権を握ろうとしていた首長のトゥ、トゥの元に集まった多くの首長たちは、全て支配階級のアリイであり、その中で最も強力なアリイが、戦争の神であるオロの赤い羽のガードルを纏うことができるとされた。オロは、トオと呼ばれる形態において対象物化されていた。幾重にも包まれたトオの中心はアイトという堅木（トクサバモクマオウ）の棍棒で、その周りを赤い羽で包み、それをさらにココヤシの繊維の組紐で包んでいた（Ellis 1829b: 202–205）。

トオはオロ崇拝の儀礼が行われたマラエと呼ばれる石組みの祭壇の上に置かれた。オロ神のマラエでは人身供犠が行われ、有力なアリイたちは、オロのトオと至高権の徽章《きしょう》である赤い羽を縫い込んだマロ・ウラ（赤いガードル）を手に入れるために激しく争っていた。我々にとって重要なことは、ソサエティ諸島でオロ崇拝が盛んになったのは、ファースト・コンタクトから一九世紀初頭までの時期だったという事実だ。クックに参戦を要求したトゥは、マロ・ウラをもたなかったが、結婚を通して妻のマロ・ウラを手に入れ、一七八二年に息子のトゥが生まれるとポマレ二世として擁立し、マロ・ウラを受け継がせ、亡くなる一八〇三年まで摂政として君臨した。父のトゥの死後、ポマレ二世は主権を掌握するために、一八〇三年にオロのトオを手に入れようと力を尽くし、オロのマラエで数多くの人身供犠を捧げた。しかしポマレ二世は一八〇六年には、オロ神の力能に疑問を抱き、宣教師に接近した（Filhia 1996: 140）。ポマレ二世は、オロ神に頼るのではなく、ジョーと呼ばれたイングランド人の傭兵とマスケット銃兵らを使って戦争に勝ち、一八一五年一一月一二日にオロ神のトオとマラエを全て破壊させた（Ellis 1829a: 249–253）。こうして「王国」は、近代国家へと踏み出したかにみえた。

ファースト・コンタクト時の、ソサエティ諸島の世界は、宇宙論的には神の世界である暗いポと人間の世界である明るいアオからなり、ポがアオに介入して生命が誕生し、その反対にアオからポに供犠が送られた。ここではアルフレッド・ジェルが『イメージたちに包んで』において示した図式を再提示するだけに留めるが、次のことだけは言っておこう。極めて危険な神の力は伝染した。この危険な力はアオに侵入して海と土地を豊穣にしたから、常に危険を取り除き、その力をコントロールしなければならない。そのために皮膚はイレズミで守られた。神の祭壇であるマラエは、暗いポと明るいアオを繋ぐ導管だった（Gell 1993: 124–131）。後で述べるように、ガンビエ諸島では首長の妻はマラエの上で出産した。その存在論的な意味は明らかだろう。神の力の導管と出産の導管を交叉させていたのだ。

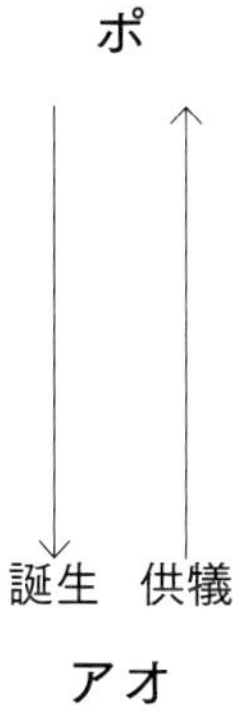

先に進む前に、なぜ私が「交差」ではなく「交叉」を使うのか説明しておこう。私はメルロ＝ポンティの『見えるものと見えないもの』から、交叉あるいはキアスム（chiasme）の概念を借りた（Merleau-Ponty 1964）。この交叉には二組の重要な含意があり、一つは生物学のキアスマ／キアズマ

(chiasma)、もう一つは修辞技法のキアスムス(chiasmus)に関わる。どちらにもXのイメージが根底にある。

生物学のキアスマは、第一に、生殖細胞の減数分裂において四本の相同染色体のうちの二本がXの形に交差して乗り換えが起こることを指す。すれ違うだけの交差ではなく、交差する間に両者が絡み合い、DNA鎖の組み替えが起きる。第二に、それは視神経の交差を指す。全ての人に与えられたこの世界は、個々の脳の中でキアスマしてそれぞれの視覚となっている。だからこのキアスマにおいて、それぞれの自己は身体を通して繋がる一つの世界へと開かれており、だからこの経路は閉じた独我論を克服する潜在性をもつ。

修辞技法のキアスムスは、言葉の配列の反転によって物語を劇的に展開する様式だ。それは記憶の技法でもある。『オデュッセイアー』の十一章において、予言者テイレシアースの亡霊から託宣を受けるために大洋の涯にある冥界を訪れたオデュッセウスが、母の亡霊と出会って対話する場面(十年つづいたトロイア戦争の後、故郷のイタケー島に帰り着けないオデュッセウスが、十年つづく旅の途中で流れ着いたスケリエー島の王に、これまでの漂流の旅について語る物語の中の物語の中の一場面)は、キアスムスの配列で展開し、オデュッセウスには見えなかったもろもろの事実が感情の昂りと共に明かされる。

スティーヴ・リースは、オデュッセウスのこの一連の問いの列からABCDEFGの諸要素を抽出し、母の亡霊がGFEDCBAの順で答えていることを示す(Reece 1995: 211–214)。これから始まる亡霊との会話を予持して「それにしてもさあ、このことを違いなしにはっきりと聞かせてください」(170)と吟誦した後、オデュッセウスがイタケーに残してきた家族の安否について次々と質問し、母の亡霊がその一つ一つに答える様子が詠われる。南インドでも不審な死を遂げた死者の家族たちが、深夜に霊媒を介して死者に次々と質問し、死者が泣きながら歌うような口調で答える。私はそんな死者の語りを何度か聞いたことがある。それは死者らしい特有のスタイルで語られたが、モダニティの変様の過程の中で、死者は沈黙するようになっていった(内山田 2008a)。ホメーロスのこの叙事詩で使われたこのキアスムスの部分を呉茂一の訳から引用する(ホメーロス 1971: 334–336)。

A　いったいどんな死にざまが、あなたの命をお縮めしたか(171)
B　その死は久しい病の末か(172)
C　アルテミスさまが優しい征矢《そや》をお当てになってとり殺されたか(172–173)
D　また御父上や(174)
E　息子〔テーレマコス〕のことも聞かせてください(174)
F　私がかつて享《う》けていた位や栄誉は、あの方々にまだ容《ゆる》されてか、それとも誰か他の男が手に入れたか(175–176)
G　妻〔ペーネロペイア〕の意向《いこう》なり心底《しんてい》なりも〔…〕万事を確《しっか》と護ってゆく気か〔…〕アカイア族中のいちばんの器量の男へ嫁いでいったか(177–179)

G　あの女《ひと》は我慢に我慢を重ねる心で〔…〕涙をしきりにこぼしては、夜となくまた昼となく過ごしていますの（181–183）

F　そなたの立派な位や栄誉は、けして誰にも奪《と》られてはいず（184）

E　テーレマコス様がさし障りもなく采邑《さいゆう》〔領地〕をとりしきってゆき、過不足もない立派な食事に与《あずか》っています（184–187）

D　また父上さまは、旧《もと》どおりにずっと田舎におとまりで〔…〕お家の中の僕《しもべ》らが寝《やす》むところでおやすみなさる〔…〕そこに寝《やす》んで父上はいつも嘆いておいでなさる（187–196）

C　館の中で、狙い確かに矢をお射なさる（女神様）が、私をお殺しになさったのでも〔ない〕（189–199）

B　さりとてまた何かの病いに襲われたというでもない（200–201）

A　そなた（の帰国）を待ち焦がれ〔…〕そなたの分別、優しい心づかい（を欠くの）が、たのしい命を失くさせたのです（202–203）

以上がキアスムが含意するおおよそのところだが、私の議論にとって重要なことは、言葉の配列を反転させる文芸のレトリックよりも、個々の存在者のあり方が転換する潜在性、そして繋がりの（間主体性の）もつ可能性だから、ここでいう交叉《キアスム》は、遺伝的および生理的なキアスマにより重心を置くのが妥当だと思われるだろう。だが、オデュッセウスが冥界でテイレシアースの亡霊から受けた故郷への帰還についての託宣、それにつづく冥界の中から見えた生者たちの営みの数々を含め、オデュッセウスがそこで垣間見た生者と死者と過去と未来の交叉は限りなく興味深い。吟遊詩人が歌ったであろう言葉の列の反転は、この叙事詩を聞く人々に、目の前で死と生と過去と未来の交叉が起きているかのように感じさせただろう。

性質の異なる多重の働きを内包したこの交叉は、私たちと放射性物質その他が相互にインタラクションする環境の中の関係性、私たちの身体感覚において主客が転倒する（触れ合う右手と左手の触れる／触れられるが反転する）可逆性、身体を通して個々の主体が一つの世界に繋がっていることに起因する間主体性、私たちの多孔性と絡み合いと乗り換えによる世界への解放性、そして私たちが過去や未来と連帯する潜在性を探索する手助けとなるだろう。

さて、クックがオロ崇拝の儀礼に参加して人身供犠を目撃した頃、覇権を争う戦争とオロ崇拝はヨーロッパ人たちとのコンタクトによって激しさを増していた。その過程はそのコンタクトによって記録され、そのコンタクトがオロ崇拝の適切さを失わせ、これを破壊した。圧倒的な武力を行使したクックは介入を求められ、人身供犠を目撃した。このコンタクトの作用と、民族誌的な観察は連動していた。ポマレ二世の兵士たちは、オロの神聖な包みを引き剥がし、棒切れとなった六フィートの神の体を地面に放り投げた。オロの体は王の台所で、最も侮蔑的なやり方で食料を吊す棒として使われた後、薪として燃やされたという（Ellis 1829a: 256–257）。ポとアオを繋ぎ、至高性あるいは主権の源泉だったオロ神が死んだのだ。

III

神の死と主権の秘密

1　生者を殺して潜勢力を産む

一七七七年九月一日。クックはパエアの首長トオファが、人身供犠のために男を殺したことを知った。マタヴァイ湾に上陸して以来、クックは有力者のトオファには会っていなかった。彼は戦争のために、供犠の準備を進めていたのだ。その日から翌日にかけてパエアのウトゥアイマフラフという海辺のマラエで人身供犠を目撃したクックによると、オロに捧げられたのは、人間、魚、バナナの枝、犬、豚だった（Cook 1999: 501–504）。

人間と（マグロのような大きな）魚とバナナの枝は、オロの意味論においては同類だ。それぞれの体を切り開いて中身を出せば、人間と犬と豚も類似する。この閾では、人間と植物と魚と動物、信仰と邪術、善と悪の区別は無効になるだろう。存在者の社会性が剥ぎ取られ、潜勢力へと転換され、至高の力の流れがマラエで実演された。これは力能を得るための供犠なのか、ポとアオを繋ぐ導管工事なのか、コンタクト以前の生政治なのか。

構成員の多くがアリイだったアリオイというオロの秘密結社の活動は、この閾を孕んでいた。アリオイは、オロの櫃《ひつ》を担って島々を巡り、マロ・ウラを真似た赤い衣を纏い、働かずに行く先々で奇食し、音楽を奏で歌い踊り、風刺劇を演じて咎められることがなく、相互に性的な悦楽に耽り、行く先々で平民の性的な接待を受けた。アリオイは、男も女も成員である限り破格の自由を享受したが、生殖は禁じられ、嬰児殺しが行われた。嬰児が神的な力を帯びていたからだ。それはさかしまの供犠者集団だった（Gel 1993: 146–158）。これは主権権力の秘密の前触れだ。

デニングによれば、他所者たちから見ると、全てが逆さまだった。「先住の人々の神々は本物らしく、政体は空想でできていた」（Dening 1983: 47）。他所者たちの世界では、神々は空想で、政体は本物だったということか。政体はどう実在なのか。我々の国家も装置と空想の束からできているではないか。ともあれ人身供犠はぞんざいだった。犠牲となったのはナザレのイエスのような「穢れなき子羊」ではなく、問題のある平民や敵であり、首長は必要な数の供犠を集めるために不意打ちをかけた。殺し方も儀礼が行われるまでの犠牲者の扱いも全くいい加減で、死体は強烈に臭かった（*ibid.*: 47–48）。

マラエの人身供犠は転倒していた。主権権力の秘密を追った「ホモ・サケル」（聖なる人）の連作において、アガンベンも主権の理解を転倒させた。主権の基には、契約などではなく、主権の暴力が産んだ生がある。この剥き出しの生は、供犠には相応しくなく、殺しても罪とはならない。社会的な生も、生物的な生も、区別を失い、主権の潜勢力となる。アウシュヴィッツが示すように、主権権力はその暴力が生み出したホモ・サケルと不可分であり、例外状態がその自然状態となっている（cf. Agamben 1998; 2002）。ベンヤミンの言葉が響くのが聞こえるだろう。首長によるマラエのぞんざいな人身供犠も、ホモ・サケルも、主権権力が暴力で生み出す潜勢力に関わる。私は先を急ぎすぎた。少し後戻りしてから進み直そう。

ダグラス・オリヴァーの『古代のタヒチ社会』によると、「犠牲者は殺された後、慣習的に〈魚〉あるいは〈人－長いバナナ〉と呼ばれ、ココヤシの葉で編んだ籠に入れて〔…〕（カヌーで）マラエへと運ばれた」（Oliver 1974: 92）。ウォリスも、その航海記の読者たちも、双胴のカヌーに乗った男が海に投げ込んだバナナの枝を、平和の「象徴」だと理解したが、一九世紀の初頭にタヒチで民族誌的な調査を行ったジョン・オズモンド牧師のノートを元に孫娘のトゥイラ・ヘンリーが編纂した『古代のタヒチ』によると、あのバナナの枝は「タアタアメイアロア」（人－長いバナナ）と呼ばれ、人間の代わりに海に投げ込まれた（Henry 1928: 172–173）。他所者たちには、ポとアオが連鎖する経路に顕れたこれらのインデックスが見えていなかった。それは「象徴」ではなく「供犠」だった。それは同時に、主権が恣意的に殺すことを示していた。古代《エンシェント》のという形容詞は時代錯誤だ。

オロのマラエは一八世紀になってライアテアのタプタプアテア（遠方からの供犠）が隆盛し、次にボラボラ、最後にタヒチに同様のマラエが造られた。タヒチでは、タイアラプ半島のタプタプアテアが最も古い。クックやポマレ一族と関係があるのは三ヶ所だ。ウォリスがタヒチに来る前年の一七六六年、丸い形のタヒチの主要部分の南にあるパパラのマハイアテアにオロのマラエが造られた。次はクックが一七七七年に人身供犠を目撃した円の西より少し南にあるパエアのウトゥアイマフラフ。最後は一七九一年にポマレ二世が即位した、ドルフィン号を皮切りにアウトリガーのない船がマタヴァイ湾に入る時に通過した環礁の切れ目の対岸にある、パレのタラホイとタプタプアテアだ。新たな赤い羽が縫い込まれながら成長したポマレ二世のマロ・ウラは、二十五年かけて島の南から西へ、さらに北へと移動して、そこに保管された（Dening 1986: 104）。そして一八一五年、オロのトオとマラエは、マスケット銃を手に入れ、キリスト教徒となったポマレ二世によって破壊された。

人身供犠の準備のために不在だったトオファとクックの出会いに触れておこう。一七七四年四月二六日。クックはトゥに会うためにパレに行った際、戦争用の大型カヌーが海岸に並び、男たちが戦闘の準備をするのを見て驚いた。人々は「トゥの友！　トオファの友！」と叫んでいた。その日は、クックの服が盗まれる事件が起きた直後で、トゥはクックを恐れて身を隠していた。前年の八月二六日にクックがフルノーとマタヴァイ湾に上陸した午後、岸に「王」の姿を見つけたので会いに行くと、トゥは恐れてパレへ戻ってしまったことがあった。ごった返す海岸で会ったトオファは、棍棒と槍と石で武装した百六十艘の戦争用の大型双胴カヌーと小ぶりの百七十艘の補給用の双胴カヌーを指揮していた。トオファは、クックに戦闘カヌーを見せるために彼を肩に担いで連れて行こうとしたが、その意味を誤解したクックに拒まれて不機嫌だった。

四月二七日の朝、クックはトオファから二匹の大きな豚と果実の贈与を受け、ボートでパレに向かい、トゥとトオファに会い、「ロイヤルファミリー」とトオファをレゾリューション号の夕食に招いた。トゥとトオファは友ではなかったが、エイメオと戦争するために同盟を組み、トゥはトオファに対して敬意を払いながらも嫉妬していた。クックが船の中を案内すると、マオヒの提督《アドミラル》は全てを注意深く見ては感嘆した。クックは船上で二人からエイメオとの戦争に参戦するように請われると、話をはぐらかした。翌日、クックはタヒチの東南に突き出たタイアラプの「王」から、一匹の大きな豚を贈られ、見返りに赤い羽を要求された（Cook 1999: 284, 346–349)。この首長もまたクックの偉大な力を、その赤い羽と共にオロのトオとマロ・ウラに取り込もうとしていたに違いない。

クックはオロの体を包み、マロ・ウラに縫い込まれる赤い羽のエージェンシーについて知らなかったが、その交易上の有用性は知っていた。赤い羽はアムステルダム（フレンドリー諸島とクックが名づけたトンガのトンガタプ）で入手した。「これらの赤い羽があったことは我々にとって極めて幸運な状況だった。なぜなら交易のためのストックをほぼ使い果たし、もしこれがなかったら、我々の船たちに必要な食料を補給することは難しかっただろう」(*ibid*.: 345)。トゥが王だと思い込んでいたクックは、マタヴァイ湾における交易が彼を王のようにしたとは思いもしなかっただろう。

2　だから核実験がつづいた

マオヒの世界でオロが死んだ時、オロの体を包む赤い羽を入れ替えて力を帯びた古い羽を分配するのを止めた時、そしてマロ・ウラに赤い羽を継ぎ足すのを止めた時、至高性と主権の大転換が起きていた。それは遥か遠くの、私たちの関係が及ばない事件ではなく、私たちの日常の具体たちを、それらの構造的な配置を置き換えた近代の大転換と連なっていた。私は核実験の前史に関わる権力と覇権の変動を追いながら、芸術の人類学の事例としては知っていた、オロ神を頂点とする赤い羽の交換と神の力の分配に関わる二つの結節点に再び出会った。神の力能を取り込む儀礼的交換として理解可能のこの民族誌的事例の根底には、新旧の主権に共通する、潜勢力の次元があると私は考え始めた。

オロ崇拝は、伝染病のように流行した後で消滅し、その軌跡は主権の変質を証言している。それが起きたのは、ジョン・ハリソンのクロノメーターH４によって経度が正確に測定できるようになった一七六〇年の直後だ。それから大きな船は島に戻ってきた。クックが三回目の航海に旅立った一七七六年に、ジェームズ・ワットは蒸気機関を完成させた。アダム・スミスの『国富論』が出版されたのもこの年だった。一七四五年に十七歳だったクックは、ヨークシャーで石炭運搬船の乗組員となって遠洋航海に必要な技術を身につけていった。その頃もオロ崇拝は行われていたが、流行はまだ始まっていない。オロ神の力を帯びた二つのアートワーク、トオとマロ・ウラに着目して、その一端を追いかけてみよう。

トオ（トッオ）は、堅いアイトの木から削り出された一方の端が分厚く膨らんだ棍棒を赤い羽で包み、その周りをココヤシの繊維の組紐で包み、さらに布で包んだオロ神の像であり、それはマラエの傍らの神の家に納められた。一七六九年六月二九日にクックと博物学者のバンクスは、パパラのマハイアテアという新しいマラエを訪れた。そこには人身供犠の跡があり、前年に起きた戦争で殺された男たちの骨が散らばっていた（Banks 1896: 103–104）。

エンデヴァー号は七月二〇日にライアテアのポア湾に投錨した。クックは岸にユニオンジャックを掲げ、イギリス国王がライアテア、タハア、フアヒネ、ボラボラを領有すると宣言した。それが奇妙な帝国の儀礼だったことは容易に想像できる。バンクスは近くのタプタプアテアという壮大なマラエを訪れた。祭壇には供犠にされた大きな豚が残されていた。そこには神の家がいくつかあり、バンクスがその一つに頭を入れて、粗い布で巻かれた五フィートほどの長さの包みを手で破ると、ココヤシの繊維の組紐で編まれた層が出てきたが、それ以上破ることはできなかった。傍のロングハウスでは人間の下顎を見た（*ibid*.: 113–114）。

クックは人身供犠について聞いていたが、実際にそれを見る機会はなかった。彼は一七七三年九月にフルノーとマタヴァイ湾のマラエを訪れた際、供犠の犠牲者は悪人だと聞いて、彼らの国の法では、人身供犠は罪人を死刑にするために必要とされたのだと理解しようとした（Cook 1777: 185）。それには無理があった。主権権力は例外状態がルールであり、その状態が表出していたのだから。

一七七七年九月一日から二日にかけて、オロ神への人身供犠を見たクックの洞察は冴えていた。頭を割られて殺され、左目を取られた中年男の犠牲者をクックは見た。トゥは犠牲者の目を象徴的に食し、複数の経路で運ばれた赤い羽たちは、トゥを経由してトオに向かった。トゥが赤い羽の流れの中心にいた。祭壇の上にトオとマロ・ウラが置かれた。クックは、そのマロ・ウラにウォリスの赤いペナントが縫い込まれているのを見た。しかし祭壇の上で開かれて全ての赤い羽がそこへと運ばれたトオに近づくことは許されなかった。犠牲者はタアタ・タブーと呼ばれる、とクックは記した（Cook 1821: 38）。それは転倒した聖性。人間・タブー。ホモ・サケルか。

トオには戦争用の双胴カヌーに載せる小ぶりのものと、ポマレ二世のそれのように大きなものがあった。オロの体であるアイトの棍棒は、人を殺す武器だ。それは暗い神の世界であるポと明るい人間の世界であるアオを分離するつっかえ棒でもある。トオがなければ、暗いポが落ちてきて人間の世界は真っ暗になる。しかしジェルによれば、より重要なことは、トオの一端がポと隣接していたことだ。そのためにトオが帯びる力は極めて危険だった。だからそれは幾重にも包まれてマラエに横たえられた。オロは赤い羽の包みを開かれて死んだが、その体に触れて力を帯びた赤い羽を人々の間にばら撒いた。オロは人々が奉納した新たな赤い羽たちに包まれてポへ戻った（Gell 1998: 109–114）。

クックが人身供犠を見たマラエからそう遠くない場所に、アラフラフというマラエが整備され、七月一四日のフランス革命記念日に、そこで虚構の過去が演じられる。デニングによれば、それはディズニーランドにおいてミッキーマウスが王であるような類の見世物だ（Dening 1986: 103）。他方、マオヒたちと関わり合うことを止めたオロの亡骸たちは、世界の珍奇な品々を競って収蔵した帝国の一連の博物館の逸品となった。トオは、ロンドンの人類博物館（一九九七年に閉鎖、二〇〇四年に大英博物館に移動）、ケンブリッジの考古学と人類学博物館、パリの人類博物館、リールの自然史博物館に収蔵されている（Babadzan 1993）。

マロ・ウラは、マロはガードル、ウラは赤い羽を意味する。一七九一年に少年だったポマレ二世は、マタヴァイ湾の西のパレのマラエで、人身供犠を含む儀礼を経て、マロ・ウラを纏い、王となった。バウンティ号でやって来たヨーロッパ人たちがそれを見ていたが、デニングによると、あまりの卑猥さのために彼らは書くことを躊躇した。「我々が思うに、ポマレが供犠の目を食べるかのように振る舞ったように、彼らは彼に精液と大便を注ぎ、あるいは注ぐかのようにして、彼らは彼の周りを抑制なしに裸で踊った。それが終わった時、彼はアリイ・ヌイ、〈王〉となっていた」(Dening 1986: 105)。

オロ崇拝が最も流行したのは一七九〇年頃だったという(Newbury 1967: 487)。しかし、若者となった王は、オロの力の効果に疑問を抱いた。オロの死後、そのマロ・ウラは珍奇な品となり、今ではパリのケ・ブランリ–ジャック・シフク美術館の逸品となっている。このマロ・ウラが、二〇二二年にフランス政府から返還され、タヒチと島々博物館に展示のための場所が準備されるというニュースがタヒチの日刊紙に掲載された(Tahiti Infos 2021.09.22)。この文化遺産の素晴らしさを、フランスから学ぶ機会が訪れる。だが、ケ・ブランリ美術館のマロ・ウラのパンフレットには、「返還」という言葉はなかった。そこには、二つの博物館のいっそうの協力関係を推進するこの長期的な収蔵品の「貸し出し」と「委託」の政策は、卓越した収蔵品をローテーションすることを可能にする、と書かれていた(Musée du quai Branly – Jacques Chirac 2021)。

知の分業の主要な部分を構成する博物館システムの中心地であるパリから見たら、タヒチは周縁にあるサテライトの一つでしかない。マロ・ウラを展示するタヒチと島々博物館は、パリの専門知識の制度から力を与えられている。マロ・ウラの秘密を知っているのは、マオヒたちではなく、本国《メトロポール》のキュレイターや人類学者たちだ。本国《メトロポール》の覇権、パリの権威を陰で支えているのは、闘で潜勢力を生み出す主権権力の暴力、弱小の暴力たちを抑えつける強大な暴力なのではないか？　その潜勢力が生み出されるのは周縁であって、それはパリ郊外のシャティヨン要塞では無理なのだ。だから、フランス領アルジェリアで、次にフランス領ポリネシアで核実験がつづけられたのだと私は思う。ようやく出発の時が迫ってきた。

3　主権権力の美しさ

　ガンビエ諸島のマンガレヴァからほぼ二ヶ月ぶりにタヒチに戻って来て、図書館、アーカイヴ、書店に行って、研究に関係のある手に入るものを借りたり買ったりしたら、もうやることはなくなった感じがした。今まで住んでいた小屋にはゴキブリと蚊とヤモリがいて、海からの風が吹き込み、環礁の中のラグーンを見渡すテラスには、脚長バチがいて、二メートルほど離れた、しかし潮が満ちてくると足元まで海になる波の立たない波打ち際には、だんだん大きくなるヒナを連れた雌鳥が歩き回り、雄鶏は一羽で偉そうに歩き、走るだけでなく泳いで潜るネズミ、カニ、さまざまな魚、ゴミなどが行き来して、朝六時になると船外機を付けたボートが走り始め、さまざまな海の鳥が魚を獲りに来ていた。今いるホテルにはエアコンがあり、蚊や蜂に刺されることはなく、窓からはたくさんのクレーンや大きな船が見え、着陸するために降下してゆく飛行機、離陸して上昇して飛び去る飛行機が頭上を通り、夜は遅くまで大音響の音楽や人声やバイクの音が響き、街の光のために星空も見えず、インターネットが繋がるので、文明のネットワークに再び結びついていて、ああフィールドワークは終わったんだな……。

二〇二二年三月一九日。私は三月二〇日の日本にいる友人にそう書いた。私は行く前には知らなかった感覚を折りたたんだ関係の束と繋がっている。マンガレヴァでは、予測とのずれを経験しながら、それらを取り込み、それらに取り込まれていった。自分の中に新しいリズムが生まれるのを感じた頃には帰る時が近づき、その朝が来て、移行過程が再始動した。パペエテのホテルで私が経験したのは、そのリズムと周囲世界とのずれの感覚だった。

タヒチに戻った翌朝、私は九月と一〇月にマンガレヴァに七週間滞在するための航空券を買いに街に出た。私はその移行過程の中にいる。今は出かける前に読んでいた多様な本の列と山を目にしても読む気にならない。それをしたら何か別のことを理解しかかっているこの落ち着きのない感覚を見失ってしまうだろう。それはポリネシアの近代の経験に関わる。非対称的かつ入れ子状の容赦ない近代の経験だ。アンナの言い方を借りて、言葉にしてみるとこうだ。フランスは偉大でポリネシアはちっぽけ。ディレクターはみなフランス人。医者はフランス人。弁護士はフランス人。消防士はポリネシア人。掃除夫はポリネシア人。七代前の祖先はフランス人。それは矛盾とパラドクスから出来ている。

私は二〇二二年一月一一日に日本を出て、アメリカ西海岸経由の長い移動の途中で日付変更線を越え、一月一一日のタヒチに至り、一月二五日から三月一五日までの七週間を、タヒチから東におよそ千六百キロ離れ、時差が一時間あるガンビエ諸島で過ごした。そこは人とモノの流れ、言葉、教育、インフラストラクチャーなど全てにおいてタヒチから遠く離れ、百九十三回の核実験が行われたモルロアとファンガタウファは西におよそ四百キロの距離にある。ド・ゴール大統領がCEP（太平洋実験センター）を設立して核実験を行うと発表した一九六三年の一年前にはフランス軍の兵士たちが来ていた。以下で詳しく述べるように、自分が何をしているのか知らないまま、一九六二年にCEA（原子力庁）に雇われて働いた人たちがいた。彼らは一時の収入と引き換えに、自分たちの生存の条件を変えてしまう大規模な核開発の小さな部分を担ってしまった。これと同じことが今でも別の場所で繰り返されている。日々の必要のために、自分たちが生きる周囲世界の破壊に手を貸して最善を望む。餌の食い逃げはできない。それは自惚れ、有頂天、矛盾、悲劇からできている。

私はタヒチに到着した翌日にガンビエで使えるSIMカードを手に入れ、その翌日には宿泊先が決まらないまま最も早くガンビエに飛んで帰国の直前にタヒチに戻る航空券を買った。その後、日本に帰国する便はＣＯＶＩＤ－19の流行のためにキャンセルされてしまったが、私は先に進むことだけを考えた。ガンビエの宿はどこにも空きがなかった。私は目に留まったある携帯番号に再三電話して、応答したマダムに、寝るスペースさえあればいいから何か探してくださいと執拗にお願いした。数日後、私は島の外れの人が行き交わない場所に滞在することになった。

核実験に使われた航空機の基地があったハオを経由する四時間半のフライトの後、私は滑走路と三角屋根の建物があるだけの環礁の日差しの中に降り立ち、小さな木の台の上に並べられた荷物を引き取り、マンガレヴァへ向かう村営の連絡船に乗った。週に一便あるいは二便やって来る飛行機から荷物を積み下ろしする作業員たちの中に、後に親しくなるポール、ガストン、レオン、エリック、その他がいたが、私は誰の顔も区別しなかった。リキテア村の波止場で船を降りて、次に何をしたらよいのか決めかねていると、電話で話したヒナヌイの同僚が迎えに来ていた。彼女はオルネリア（三三）という軽食堂《スナック》の料理人で、夫のテヘイ（三四）が五週間の休暇を過ごすために同じ便でタヒチから来ていた。（九月に再び来た時、私はオルネリアとテヘイが結婚していなかったことを知った。）

私は二週間目から、オルネリアが息子のトゥル＝ラギ（一一）、祖母のクララ（七八）、母のアンナ（五三）、母の弟のポール（三七）、ポールの息子のエトゥアタイ（一四）と住む家の庭先にある海に面した小屋に住み始めた。島の人たちを知る上で、それは決定的に重要な跳躍だった。私を受け入れることを決めたのはアンナだった。私はここでは男だ、と彼女は言った。アンナの父は、モルロアの核実験場で働いた。彼は酒を飲み、島には帰らなかったが、一九八三年に三ヶ月だけ戻ってきたという。アンナが十四歳の時だったらしい。彼女はすでに十五歳になっていたかもしれない。その頃アンナは中学校に通うためにタヒチで寮生活をしていたから、よく知らないのだ。ともあれ母は妊娠し、父は家族を捨てて出て行った。十五歳になっていたアンナはマンガレヴァに戻り、生活のために母と「ヴァン」（ロベール・ワンの真珠の養殖場）で働いた。朝三時にトラックに乗って仕事に出かけ、帰るのは午後四時だった。妹のマリー＝ローズ（四八）は父方の祖父母に育てられ、アンナは母方の祖父母と暮らした。幼いポールは母と暮らした。貧しかったから、妹と弟は小学校しか出ていない。パパはここにもタヒチにも家を建てずに死んだ、とアンナは言った。

十九歳の時、アンナは自分の人生について考えた。マンガレヴァにいたら、これだけで一生が終わってしまう。彼女は働きながら貯めたお金をもってタヒチに渡り、クリニックで事務員として働きながら、夜の教室でフランス語と算数を学んだ。アンナは間もなく妊娠してオルネリアが生まれたはずだが、彼女はそのことについては何も言わなかった。マンガレヴァの父方の祖父と母方の祖父が残した土地はずっと放置されていた。アンナはポリネシア政府が使われていない土地を接収して、地球温暖化のために水没する恐れのあるトゥアモトゥ諸島の人々を移住させる計画があることを知り、五十歳の時にマンガレヴァに戻ってきた。母のクララも、アンナも、中国人の夫とタヒチに住む末娘のリタ（一四）も、甲状腺に異常があり、アンナは核実験が原因だと思っている。

マリー＝ローズの夫のガストン（五二）はタヒチ出身で、二人は私が孫と勘違いした幼いガストン（二）とアンナの父方の祖父がアボカドやマンゴーなどの果樹を植えた村から北東に三キロ離れた海辺に住んでいる。成人した三人の子供たちはタヒチにいる。ガストンは小規模の真珠養殖をしながら、飛行場で働いている。アンナとマリー＝ローズは頻繁に行き来し、祖父が植えた果樹の実がこの家に運ばれて来る。後に山を一緒に走るようになるレオン（五〇）は、私が夕方に走る道と彼が走る場所が重なっていたので話す機会が多かった。彼の父のアモ（八五）はオーストラル諸島出身の中国人で、核実験場で潜水夫として働いた。レオンの母モニカ（七〇）によると、核実験が始まった時、島の女たちはフランス兵たちに魅せられた。シェルターの中では映画が上映され、若い兵士たちとダンスを踊り、ビスケットと缶詰が配られた。フランス兵たちの顔は美しかった。

一九六六年七月二日に核実験が始まった頃、モニカは十四歳だった。モニカはフランス兵の〈美しい顔〉をとても印象に残る仕方で発音した。フランス語の「顔」visage は男性名詞なので「美しい」の形容詞は男性形の beau を使って « beau visage » と言うべきところを、モニカは女性形の belle を使って « belle visage » と繰り返した。昔の情熱をかすかに纏わりつかせるようにして。だからその〈美しい顔〉のイメージは、モニカの声と縺れながら、不思議な形にねじれた姿で私の記憶にこびりついた。後にモニカは甲状腺癌を病んで手術を受けた。モニカの話は、縮めた望遠鏡のように前後が入れ子状になっていたから、マンガレヴァには初めから島民たちのためのシェルターがあったような印象を与えたが、それが完成したのは、一九六八年二月のことだった。

私はアンナが住むママクララの家の小屋に住み、他所者のままではいられないさまざまな関係が交錯する中で暮らした。アンナは親戚の誰かと連絡を取り、これから話を聞きに行く、と前触れもなく私を連れ出すことがあった。私は迷わずどこにでも行った。主権権力は〈美しい顔〉のエージェントを介して現れ、人々は魅惑された。同時に、核実験に連なる多様な仕事と現金を得る機会がばら撒かれた。寄せ餌のように。マキネイション、あるいはマシンがここでも動き始めると、放射性降下物たちが生活の再生産の経路に侵入し、多くの人々が亡くなり、ガンビエの人たちは、フランスとの混血を深めながら、核実験のタブーは深まっていった。

4　魅力的な男のイメージ

二〇二二年三月一六日の朝九時二六分にフィールドノートを開いた痕跡が残っている。私はその前日の午後にタヒチに戻ってきた。二週間前に戻っていたテヘイが空港まで迎えに来た。彼は中国系の食料品会社で週六日働き、仕事の単調さと拘束時間の長さと車の渋滞と一人の生活にうんざりしていたので、私が来たことをとても喜んだ。そのフィールドノートは、リキテアのサン・ミシェル聖堂近くのクララ、アンナ、オルネリアの三代の女たちが住む家の海に面した小屋で、樹皮がついた端材を一枚乗せただけの細長くて不安定なテーブルの上でマックを使って書いたものだった。私は中身を読まずにこのファイルを閉じたと思う。私はパペエテの植民都市的な雰囲気に馴染めず、これを読む気にならなかったのだ。

日の出が徐々に遅くなる夏の終わりのポリネシアから、寒い晩春の日本に戻り、一週間の自己隔離を終え、四月上旬になり、私はようやくフィールドノートを読み返す気になった。ファイルを開くと、それは私が小屋に移る前日の状態に更新されていた。環礁の島に二度行った時を除いて毎日書き綴っていた七十頁の記録が消えた。そのファイルはクラウド上に保存されるようになっていた。しかし小屋に住んでいた間はインターネットから離脱していたから、それはデスクトップ上にあった。タヒチに戻った翌朝にインターネットに接続した時、フィールドノートはなぜかクラウド上の古いファイルに置き換えられた。

私の三冊の手帳と録音機とカメラの中には、クラウドから独立した多様な記録の雑多な断片たちが残されている。私の皮膚の上にもそれらは残っている。肌は日に焼けて黒いし、フランス軍の気象観測所の廃墟に入った時に蜂に刺された跡も残っている。それにフィールドノートを書いていたのは私なのだから、ノートを書くことを動機づけた個々の出会いや疑問、親しくなった人々に導かれて数々の岐路を通過した時のことは、時間と共に変形しながら、私の記憶の中にある。あの一つ一つの岐路を通過しなかったら、私はこのような関係性の中にはいない。

私は一〇月と一一月にマンガレヴァに戻るつもりだった。しかしオルネリアとレオンにそれぞれ説得され、予定を一ヶ月早め、九月の上旬にマンガレヴァの海岸線と尾根を走るトレイルのレースに出ることになった。その未来の予定が私の日常の中に入ってきて、異なるリズムが脈打っている。寄り道をする勇気があれば、フィールドワークはつづけられる。私は自分にそう言い聞かせながら、未知の世界を少しずつ進んだ。

勇気《クラージュ》があれば……という表現を、私はガンビエの環礁を形づくるトテジェジに二度目のキャンプに行った時にアンドロ（三〇）が真面目な顔で語った話し言葉を反響させながら使うようになった。アンドロはアンナの養女でリキテアの役場に勤めるメイレガテイポ（三〇）の夫だ。彼は二十一歳の時にトゥアモトゥ諸島のファカラヴァの外の世界が見たくて島を出た。いい機会だから、ぶらぶら歩いて、酒を飲んで、恋人を探した。勇気があれば、海に潜って魚が獲れる。勇気があれば、土地を開墾して作物が採れる。

私たちは浜辺で焚き火をした。リキテアの光を見ながらパペエテで路上生活をするトゥアモトゥの人々のことを話していた。たくさんの大きなヤドカリが周囲を歩き回っていた。マンガレヴァでは誰も路上生活者にはなれない。ここは海がきれいで、空気がきれいで、しかし同じものを食べているとうんざりする。別のものを食べに他所に行ってみたい。彼はそんなことを話した。海がきれいで、空気がきれいで……という観光局の宣伝のようなセリフが私は気になったが、クルーズ船がやって来るファカラヴァは、そうなのだろう。ここの海はきれいで、空気はきれいで、とはクララもアンナも思ってはいないはずだ。

翌朝、アンドロとテヘイとポールは日の出前から環礁の外洋側の海に潜り、アンドロは三十匹以上の魚を背負い籠に入れて帰ってきた。テヘイの籠にも二十匹は入っていた。ポールは咳をして具合が悪そうだった。その頃、マンガレヴァでもCOVID－19が流行していた。フランスの国旗を掲げた憲兵隊の建物の向かいの診療所には、マスクをした人々がたくさん来ていた。島ではマスクをしないのが普通だった。アンドロとメイレガテイポとテヘイが、海辺で魚を捌いて内臓を海に捨てるとサメの群れが寄って来た。それを見たアンドロの幼い息子が「鮫《ルカン》！」と叫んだ。

これにはつづきがある。数日後、アンナはアンドロが獲ってきた魚を冷凍庫から取り出して、私は知らない魚は食べない、と言いながら小屋の前の海に捨ててしまったのだ。一九六六年の最初の核実験の直後、ラグーンでは死んだ魚が大量に浮かび、貝が死に、鳥が落ちてきた。その後、シガテラが何度か発生し、ガンビエの人たちは魚を食べて食中毒になった。アンナの父の妹のカロリン（七七）はシガテラを経験してから魚を食べない。アンドロは放射能で汚染されたこの海のことを何も知らないとアンナは思っている。ガンビエは以前とは同じ場所ではない。その変化は不可逆的で、決して元に戻ることはない。

アンナが魚を捨てた理由は他にもありそうだと私は感じた。アンドロは貨物船が来ると波止場で働いたが、定職はなかった。彼は土地を耕し、魚を獲った。アンナはそんなアンドロが嫌いのようだった。「彼はエゴイスト！」とアンナは私に言ったことがあった。後になって理解したのだが、アンナは女の稼ぎで富を手にする男たちを軽蔑していた。アンナにとって、テヘイやアンドロがその類の男たちだった。彼らがクールに乗り回した自動車は、どちらも女が働いた金で買ったものだった。アンナはそれを苦々しく思っていた。男が富を持ち帰らなければならないのだ。

私は何度か一緒に山に登ったキト・ママトゥイのことをアンナに話したことがあった。キトは五十代半ばで、サン・ミシェル聖堂の手前からガタヴァケへ向かう坂道から少し入った谷間の小さな家に一人で住んでいる。彼は島では珍しい黒く肥えた土地で、複数の種類のバナナやタロイモを栽培していた。彼は五十ccの古びたスクーターに乗っていた。本国《メトロポール》で自然と景観を保護する法律が制定されたために、ガンビエでもウミガメを食べることが禁じられたが、キトはウミガメを獲る名人だ。レオンはそんなキトと仲が良かったが、アンナは同世代の彼を軽蔑しているようだった。アンナが好きなのは、外界から来る魅力的な男たちや外来の品々だ。私はある時その理由を聞いた。他所から来たから魅力的。彼女はそう言った。それはとても強力なトートロジーで、私が躓いたアンセルムスの「信じることによって私は知る」（*credo ut intelligam*）と同じくらいに異論の入る余地がなかった。私はフィールドに入ってゆき、「知ることによって私は信じる」（*intelligo ut credam*）に至ろうとはしない。対象とその存在条件について、よりよく知りたいのだ。そこで人々は何をどう感じ、何をどうするのか？　なぜそのように感じ、そのようにするのか？　その世界も、この世界も、私たちの世界を構成していて、私たちは交叉しているからだ。

アンナは二十年前にマンガレヴァに来た人類学者のアレクサンダー・メイヤーのことをよく話題にした。きっと彼に惹かれていたのだろう。フランス軍人だったイヴのことを私が話すと、私は彼が好き、と彼女は言った。イヴはたくさん本を読んでたくさんのことを知っている。アンナはそんなことを言った。夫は読み書きができないからますますそう思うのだろう。レオンが若者だった頃、イヴは多目的スポーツ施設の建設や道路工事をした工兵隊の隊長で、彼の姿はものすごく威厳に満ちていたという。イヴはフランスで結婚していたが、後にレオンと同じ歳のフランス兵の娘と結婚した。私が知り合った頃のイヴは七十歳になっていたが、細身の彼は半ズボンから伸びる長い足をおり曲げてKTMのオレンジ色のオフロードバイクにまたがり、海を見下ろすバンガローから坂道を下りてきた。よく手入れされた古いランドクルーザーのピックアップに乗ることもあった。アンナから見たら、イヴはキトとは比べ物にならないくらい魅力的な男だったに違いない。

これに関連して私は思い出すことがある。最初のフィールドワークを終えて帰国する前、私はパペエテで人類学者のブリュノ・サウラと会った。ポリネシアの核実験は重要な問題なのに、人類学者が誰も研究しなかったことは不思議だと彼は言った。確かにそうだ。人類学者たちはもっと「人類学的」なこと、もっとエキゾチックなことを研究して、高等教育機関がある自分の国に帰る。それが人類学に求められている。私はフィールドワークのことを話しながら、核実験が行われた初期の頃、フランス兵たちが島の娘たちと性的な関係をもったから、マンガレヴァには五十歳くらいの混血がとても多いと言うと、彼はこんなことを言った。島の男たちは性的な機会を奪われ、それを快く思わなかっただろう。ママクララやアンナの話ばかり聞いていた私は、これには気づかなかった。マンガレヴァの人口は五百人ほどだった。そこに七百人の若い兵士たちが来たのだから、ブリュノが言うようなことはきっと起きていたに違いない。

私はガンビエ諸島へ向かう直前にボルドー大学のソフィー・ダートエンに連絡した。ソフィーはポリネシア研究者だ。彼女の夫はサモアの西およそ四〇〇キロに位置するウォリス出身の元ラグビー選手で、警察学校の体育教官をしていた。二人の家には、ポリネシア人やメラネシア人が頻繁に訪れていた。私はボルドーに滞在した一年間、いつかアルジェリアの核実験場やニジェールのウラン鉱山の周辺で調査することを想像していた。しかし私は安全上の理由でニジェールではなくガボンのウラン鉱山のあるムナナに調査に行き、その後アルジェリアの砂漠ではなくポリネシアの核実験場に近いガンビエに向かった。この意外な展開を伝えると、彼女はすぐにフランス領ポリネシア大学の研究者を何人か紹介すると返事をくれたのだが、私はガンビエから戻ってからそうして下さいとお願いした。私は自分で試行錯誤をした後で専門家の助言を聞くという順序を変えたくなかった。何が問題なのか、それがどう問題なのか、自分の中になんらかの判断の基準をもつためには、下手でも自分でやって考え、問題らしきものを含む何かと出会うしかないからだ。だから帰国前にブリュノと会ったのだった。

私は南インドのケーララでフィールドワークをした時、指導教授だったクリス・フラーに、ケーララ大学の教授に修士課程の学生を紹介してもらって研究助手として雇うと良いと助言されていた。しかし私は大学を素通りして不可触民たちが多く住む場所で暮らし始め、近所に住む低位カーストの若者たちの中から研究助手を見つけた。大学の教授の多くはブラフマンか高位カーストだったから、周縁性をマイナーな視点から考えようとしていた私は大学を避けたのだ。フラー教授は、私の博士論文の視点と内容が彼のそれとは全く違うことに興味を抱き、なぜそんな問題とデータが見つけられたのかと聞くので、入り方が違うからだと答えた。（フラー教授は公正な人で、私はとても幸運だった。）周縁の権力の働きを問うために、支配的なアプローチで始めたらそのコピーしか作れないだろう。だが、権力は内側からも屈折して働く。私はある時から、支配と抑圧の権力の働きが入れ子のようにして働くと考えるようになっていた。

こうして私は家族を捨てた父のママトゥイ姓を名乗り、九十年近く前に訪れた人類学者が描いた母クララの父方の祖母カララの肖像画のある家に住み、私はここでは男だと劇的に語り、時にとても思慮深く、時に驚くほど俗っぽいアンナからマンガレヴァのさまざまな問題について学ぶことになった。アンナは戦う人で、彼女がモデルにしたのは、カトリック宣教会《ミシオン》の支配に抵抗したローズ・ギヨーだった。ローズは五代前の祖先で、彼女の父はジャック・ギヨー。ケルト系のブルトン人だった。

5　二つの国旗が交差する墓

マンガレヴァに来た翌日、私はリキテアの郵便局前のレイシの木陰にいた男たちの中に、前の日にサン・ミシェル聖堂の傍の石に腰掛けていた元役場職員のジュリアーノ（六五）を見つけた。マラエを破壊して聖堂が建てられたと聞いていたので、私はそのことを尋ねたのだが、彼の関心事ではないらしく、具体的なことは何も聞けなかった。次の日曜日、ジュリアーノはミサの案内係をしていた。帰国後、私はある考古学の論集を読み、サン・ミシェル聖堂は神々の諸像を収蔵していた細長い家屋を破壊した跡に建てられていたこと、リキテアの首長のマラエだったテ・ケヒカも平民のマラエだったテ・ハウ＝オ＝テ・ヴェヒも破壊されたが、前者の基礎部分が聖堂の西側の林の中に残されていたことを知った（Conte and Kirch 2004）。

夏の日差しを遮るそのレイシの木は、男たちの輪の中にいた中国人のジーノ（六〇）の妻ルイーズの生家の前にあった。ジーノはタヒチの客家《はっか》二世で、ルノーのメカニックだったが、後に支社のマネージャーとなり、カルロス・ゴーンが取締役会長となっていたフランスの本社から課せられた厳しいノルマのために休日出社して体を壊し、十年前に妻に促されて退職してこの島に来た。ルイーズが古い日産のピックアップを運転して戻ってくると、ジーノは私を助手席に乗せて、聖堂の前の坂道を南東に向かって登り、坂が南に折れた先にある「最後の王」テ・マプテオアの墓の手前で車を止めた。墓標にはフランスとガンビエの二つの国旗を交差させた意匠の下に「ここに眠る／我々の最後の王／マプテオア・グレゴワール／一八一四年頃に生まれ／一八五七年六月二〇日に死す／リキテア、マンガレヴァ／彼のために祈れ」と刻銘されていた。

それは奇妙な墓だった。イデオロギー、経済、軍隊、政治の四つの権力のネットワークが複合的に働くマイケル・マンの権力概念を使って想像すると（Mann 2012）、その墓は経済、軍隊、政治の異なる権力のネットワークと縺れ合いながら作用したイデオロギー権力の仕事だった。マプテオアはヨーロッパの王権のレガリアを模倣した表章と紋章で飾り立てられ、カトリックの聖人の名前（グレゴリウス）を付けられ、ガンビエの神々から引き離され、マラエから遠い霊廟に閉じ込められているように見えた。

ブルターニュのブレスト出身のジルベール・クザンは一八五八年にガンビエで十三トンの真珠貝を入手したと手記に書いた（Cuzent 1872: 36）。この手記の三十八頁と三十九頁の間には、王冠と十字架と笏と槍で構成されたマプテオア一世の表章とガンビエ諸島の紋章（旗）の図が挿入されている。その紋章は一八三二年にカピタン・モルックが考案し、一八四四年にフランスの三色旗に置き換えられたと記されていた（*ibid*.: 38–39）。

アンナの祖先となる一七九九年生まれのジャック・ギヨーは、生後間もなく出産と天然痘のために両親を失い、代父の住むブレストで育った。仲が良かった姉の名はローズ。愛読書は代父が読んでくれた『ロビンソン・クルーソー』だった。ジャックは恋人を事故で失った後、一八一六年にチリに向かった。一八二二年にヴァルパライソで出会ったトマス・エブリルの船に乗ってタヒチを訪れ、南太平洋で活動していた船主や荷主の仕事をするようになった。一八三〇年にジャックはヴァルパライソでカピタン・モルックと出会った。モルックはガンビエの王が航行を許可したとフランス語と現地語で書かれた書類を所持していた。「モルックは（ガンビエの）国旗を考案するほどにユーモアを発揮し、必要な場合はこれを掲げ、現地にも複製を一つ残して王が住む原住民の小屋を見下ろす帆柱の上に掲げた」（Guillou 2018: 91）。この王権の象徴は、少年だったマプテオアにとって、意味不明の記号だったに違いない。しかしそれが権威を表すことは状況から理解できただろう。ジャックがモルックの船でガンビエを初めて訪れたのは一八三〇年だった。

一八三二年三月二三日にジャックはカピタン・ビューローの愛すべきジョセフィーヌ号で再びガ

ンビエを訪れた。島嶼では疫病のために人々が死に、首長たちは他所者が入ることを禁じていたが、ビューローとギヨーは武装した男たちに護衛させてリキテアに上陸し、助手として雇った王の二人の甥に長々と演説させた。若い王はうんざりして口を噤んだ。ギヨーたちは翌日から商品と銃を陸揚げし、住むための小屋と店舗にするための小屋を三日で建てさせ、捕鯨船を使って潜水者たちを集め、彼らを海に潜らせて真珠貝を採集した。五月二八日に愛すべきジョセフィーヌ号がガンビエに戻ってきた。四百メートルのキャラコといくつかの道具との交換で二十一トンの真珠貝を手に入れ、カピタン・ビューローは満足した。船は商品の小麦とビスケットとラードを下ろし、真珠貝を積んでシドニーに向かった。船が戻ってくるまでの間、ギヨーは原住民たちが経済的な価値を知らずに迷信的な理由から保持する真珠を探した (*ibid*.: 102–107)。

首長はトゥと呼ばれた神の子孫、あるいは神格化された祖先の子孫であり、供犠が捧げられたマラエはガンビエ諸島に少なくとも十五はあっただろう (Smith 1918: Conte and Kirch 2004)。一時的なマラエはもっとあったはずだ。最初のサン・ミシェル聖堂の建設は一八三九年に始まり一八四一年に完成した。宣教師たちはマラエを破壊し、土地を占有し、新たな法を定め、牢獄を造った。マンガレヴァの最初の民族誌を記したのは、一八三四年から一八七一年までガンビエを中心に宣教活動を行ったオノレ・ラヴァル神父だった。

一八二五年一二月二九日から一八二六年一月一三日までマンガレヴァに滞在した英国海軍のキャプテン・ビーチーは、島の人口を千五百人と推定した (Smith 1918: 117)。ファースト・コンタクト直前の一八世紀末のガンビエの人口は五千人程度だったとも言われるが、一九世紀の終わりには外部からもち込まれた感染症のために五百人を切り、一九六〇年代には人々が核実験場に職を求めて移動し、その後、真珠の養殖が人々を引き寄せた。二〇一七年のガンビエの人口は千五百三十五人だ(IEOM 2020)。

私は聖堂近くのママクララの家の小屋に住むようになってから、ジーノの妻のルイーズがアンナの従姉妹で、ジーノがアンナの夫ジョー＝マリーの従兄弟であることを知った。ルイーズは肌の色が白く、アンナは浅黒い。色が白い従兄弟たちは他にもいる。父の妹カロリンの息子は色が白い。同じフランス人の子孫たちの中に肌の白い子孫と黒い子孫がいることが、アンナに遺伝に関する一つの洞察を与えた。アンナには四人の子供がいて、末娘のリタだけが甲状腺癌になった。リタは大気圏内核実験が行われた後の二〇〇七年に、ガンビエではなくタヒチで生まれた。だから核実験との因果関係は、フランス政府の賠償の認定基準を満たさないが、リタはフランスで甲状腺切除の手術と放射線治療を受けることができた。(だからもしリタが賠償金を受け取ることができたとしたら、フランスで受けた治療にかかった費用を差し引かれるだろう。)

アンナは核実験による親の被ばくは子孫に遺伝すると信じている。その根拠は、ジャック・ギヨーの子孫たちの中に肌の白い者たちと肌の黒い者たちがいるという事実だ。だから、親の被ばくはそれと同じように子孫の誰かに遺伝すると彼女は言う。リタの手術を担当したフランス人の医師は、ポリネシアは核実験で汚染されている、と言ったらしい。アンナはこの医師の言葉は彼女の主張を支持していると信じている。その医師はポリネシアが核実験で汚染されていると言ったらしいが、核実験がリタの甲状腺癌の原因だとは言っていない。しかしアンナはこの医者の言葉に縋りつくようにして、被ばくの世代間遺伝の証拠として、これら二つを列挙した。

アンナは例えば《パーエグザンプル》……と言って、混血の肌の色の違いについての事例を話し、目を剥き、怒った顔をして「親の被ばくが子供の異常として現れる……と私は思う」と話した。アンナは体細胞の細胞分裂と生殖細胞の減数分裂の違いについては知らないだろう。もしアンナが放射線の被ばくに起因する異常の世代間遺伝を論じた論文を引用し、ラットを使った被ばくの世代間遺伝の実験にも言及し（cf. Dubrova *et al.* 2000; Nomura *et al.* 2017）、これを軽やかに演じていたらどうだろう。

しかし動物実験の結果は、人間の異常の世代間遺伝の証明としては採用されない。疑いがあるだけでは、因果関係は証明されない制度なのだ。例えばタバコ産業は、喫煙と発癌の関係は「疑い」に過ぎない、と因果関係を不鮮明にすることによって、あるいは疑いがあることを証明することによって、タバコの生産をつづけることができる（Oreskes and Conway 2010）。彼らは「私たちは法を遵守しています」と言うだろう。アンナに勝ち目はない。しかし問題は別の地平にある。それは依存の関係だ。本国《メトロポール》と海外領土／植民地のいびつな相互依存の関係、独立と従属の一つのシステムが、フランスの独立とパリの美貌を支えている。

6　原子力マシンは国家を動かす

リキテアの一本道を通りかかった小型トラックの男に挨拶すると、男はトラックを止めて、核爆弾のことを調べているのはお前か、と聞いた。そうだ、と答えると、後でお前のところに行く、と彼は言った。男は一週間ほどしてママクララの家に訪ねてきた。彼はミシェル（七〇）。島の反対側のタクに住み、フランス海軍の潜水艦に乗っていたから、パパ潜水艦《スマラン》と呼ばれている。彼はコタンタン半島のラ・アーグの再処理工場や、シェルブールの原子力潜水艦を建造する工廠のことを知っていた。退役後は真珠の養殖場を営んでいる。

私は歩いていても走っていても、すれ違う人に挨拶した。それはコンゴ共和国のポワント＝ノワールでリセに通ったというマルティィヌから学んだことだ。ポワント＝ノワールには懐かしい響きがあった。私が調査をしていたガボンのムナナのウラン鉱山から掘り出されたウラン鉱石は、製錬工場が稼働する以前は、ムナナの隣のモアンダからコンゴ共和国のムビンダまでロープウェイで運ばれ、そこから陸路ポワント＝ノワールに運ばれていたことがあったからだ。ウラン鉱石はそこから船でボルドーに運ばれた。マルティィヌは私より二歳年上のフランス人の旅行者だった。私たちは同じ飛行機に乗ってガンビエに来た。波止場から迎えの車に乗ってマルティィヌは四百メートル先の軽食堂《スナック》と雑貨屋《マガザン》に付属したバンガローに一週間、私は五キロ先のバンガローに七週間泊まるはずだった。何もないから水と食料を買って行くようにと言われて店で車を降りると、マルティィヌがその島の外れのバンガローに泊まりたいと言うので、私はリキテアに一週間だけ滞在することになった。翌朝、マルティィヌは暑い日差しの中を一時間歩いて朝食を食べに来た。それを三日つづけた後、遠すぎると言って別のペンションに移ったきり姿を見かけなかったが、日曜日の朝にサン・ミシェル聖堂に行くとマルティィヌがいた。私はある友人に次のように書いた。

ミサの後でマルティィヌが山歩きに出かけようとする知り合い〔レォン〕の家に連れて行ってくれました。次の週にでも一緒に山歩きしたらいいと考えてのことです。その後、マルティィヌと村を一緒に歩いたのですが、彼女の好奇心はかなりのもので〔…〕どこかに人が集まってい

> るのを見ると「おーあれは何かがある」と言ってそっちへ向かって行きます。彼女は記憶力も抜群で〔…〕良い人類学者になれそうなのに、彼女がやらないことが一つあります。書かないのです。でも次の人生では人類学者になると言っていました。マルティヌは道を歩きながら僕が泊まっているところの食堂の料理人をしているオルネリアに電話をかけて今から行ってもいいかと聞いていました。彼女はオルネリアの祖母〔クララ〕に僕が話を聞いたらいいのではないか？そこにホームステイできたらいいのではないか？と考えたのだそうです。〔…〕マルティヌは「私は人類学者のアシスタント」と勝手に宣言して、思いつくままにいろんな質問をして、話の中に出て来た近所に住むアンナの妹〔マリー＝ローズは親族が結婚した近所の中国人の雑貨店《マガザン》に遊びに来ていた〕に興味を抱き、途中でそちらへ行ってしまいました。〔…〕そんな風にして何時間もその家ですごして、庭の海に面したところに建てられた小さなバンガローというか小屋に住んでもいいと言われました。マルティヌは、ほらね、という顔をしました。

その二日後の二〇二二年二月一日、マルティヌは訪れていたタヒチでバレエの教師をする娘の家に戻り、私は古いリキテアの中心部に住み始めた。一八三四年から一八七一年までリキテアで宣教活動をしたラヴァル神父が一八六九年に作った地図を使って島を案内しよう。

マンガレヴァの東の環礁に、後にフランス軍が核実験のために飛行場を造るトテジェジ（Tegegie と誤記）がある。マンガレヴァの山々の尾根はLの鏡像の形をしている。踵はマンガレヴァ山と記

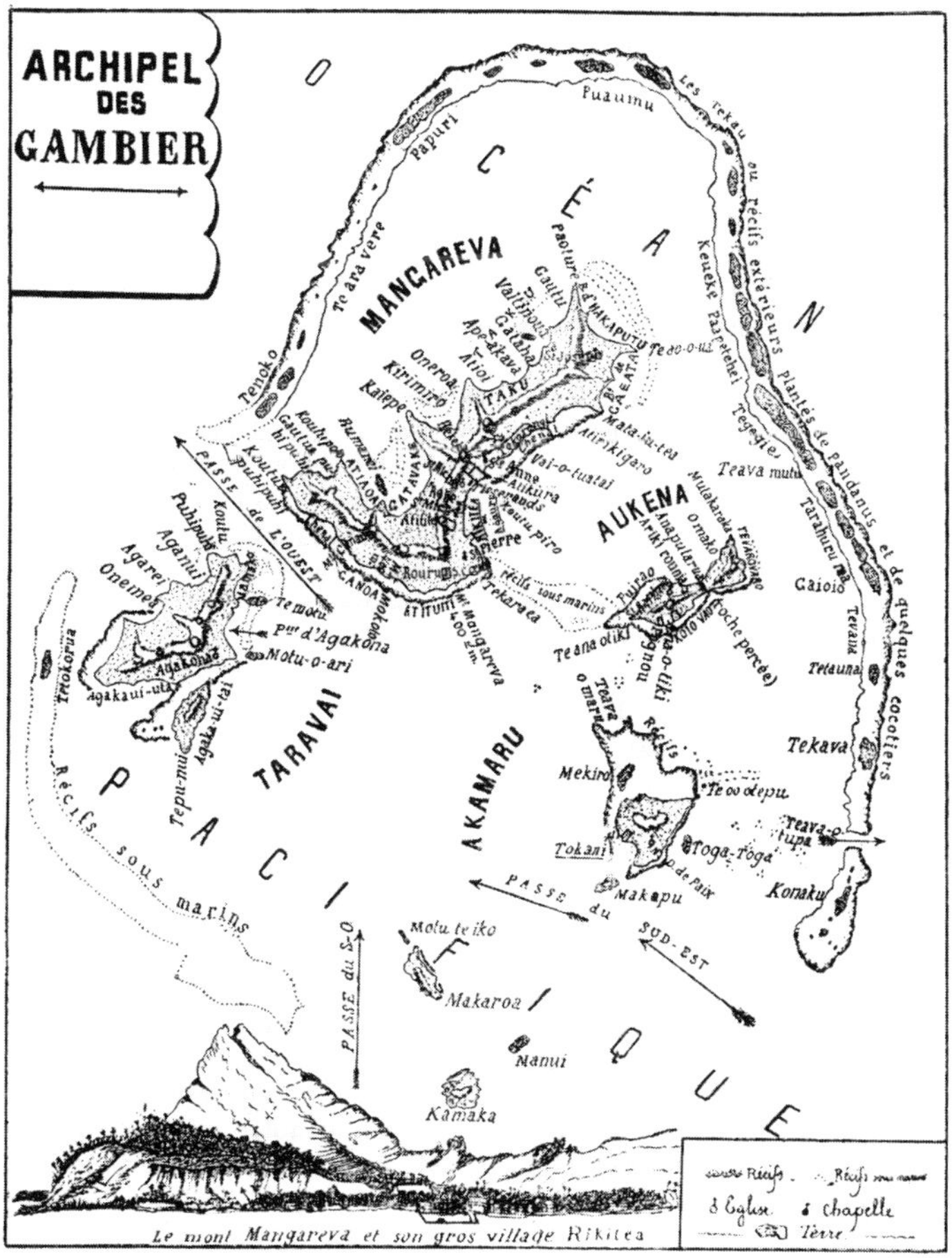

ラヴァル神父のガンビエの地図（Laval 1938: XIV）

されたダフ山で、その西にモコト山が並ぶ。下の図ではダフ山とモコト山が連なるが、ラグーンの真ん中まで出なければモコト山は見えない。高いマストの上からそんな風に見えたのかもしれない。リキテアの海岸の中央には首長の船着場が描かれている。その奥に首長たちの集会場があったが、聖心会によって破壊された。船着場の左手奥の白い建物はサン・ミシェル聖堂。ママクララの家は、船着場の右手の六軒目にある。

マンガレヴァの北西側はタクという。タクはリキテアと敵対してきた。両者と同盟関係を結んだ首長たちは、婚姻関係や過去の恨みなどが関与して、どちらに寝返るか予想できないところがあった。社会学的な主題との関連で言えば、ガンビエ社会は階層的だったが（Sahlins 1958）、絶えず戦争が行われ、勝者が土地を再分配し、敗者は殺されて喰われるか、下層民になるか、あるいは島を探して海に出た。ピエール・クラストルが『暴力の考古学』で議論したように、その戦争機械は拡散的なロジックで働き、それは中央集権的な国家装置とは相容れない性格のものだっただろう（Clastres 2010［1977］）。それはノマド的だった。私はアンナがマンガレヴァの生活はノマド的だったと言うのを聞き、その符合に驚いたが、今は先を進もう。

一九三四年にマンガレヴァに滞在した人類学者のピーター・バック（マオリ名テ・ランギ・ヒロア）が集めた口頭伝承には（クララの父方の祖母カララはこの人類学者に百以上の歌を教えた）、戦士たちの騙し打ちと復讐の話が多く含まれる。例えば、リキテアのテ・マ＝タネは、タクに復讐するため、夜の環礁で漁をしていた武器をもたないタクの男たちを殺し、敵をさらに侮辱するために十人の死体に縄を通してカヌーの船底から血を汲んでみせた。中でも最上の「魚」となったのは、全身にイレズミをした男だった（Hiroa 1938: 42）。こうして戦争と断片化はつづいた。

それはマクベスの世界、マイナス国家と罪の意識、プラス力能をもつポリネシアの神々、に喩えられるだろう。父ダンカンをマクベスに殺されたマルコムは言う。「なるほど、奴は残忍非道、色好みで強欲、不正をなんとも思わぬ、嘘をつく、頑迷不霊で、腹黒い、こう数えたてくれば、名のつくかぎりの罪を一身に背負っている、といって、こっちも淫蕩の血にかけては、底なしだ、人妻よし、生娘よし、年増もけっこう、おぼこもけっこう〔…〕こんな男が国を統べるよりは、マクベスの方がましだというものさ」（シェークスピア 1969: 89）。

私はガンビエの国旗をモルックが考案したとギヨーが手記に書いたことを紹介したが、ガンビエは王国ではなかった。西洋人がもち込んだ感染症のために社会生活が維持できないほどに人口が減り、しかし神々は人身供犠に応えず、集落や畑は放棄され、槍と石で殺し合う戦争はつづけられなくなり、首長がカトリックに改宗してタプ（タブー）の力が消え、聖心会の宣教師たちが神権政治を行い、中央集権的な国家装置が働き始めた。マンガレヴァの細い尾根の上を歩くと左右に海が迫る。ダフ山とモコト山は丸見えで環礁は狭い。戦争に負けた者たちは山や環礁に逃げた。あるいは外洋に出ていった。しかし遠洋航海の技術は失われ、国家装置の暴力から逃れる場所は無くなっていただろう。

この物理的で歴史的な環境を歩くと、原子力マシンは国家装置をも動かしているようにみえる。

例えば核開発に必要な相互に関連した施設の数々、多様な放射性物質の環境における振る舞い、それらの毒性の性質と強度、異なる半減期、放射性廃棄物の保管と投棄、どこかで起こるさまざまな事故、等々が、コントロールを超えて国家装置に働きかける。モルロアとファンガタウファは放射能汚染のために、今でも立ち入り禁止だ。マンガレヴァでは、モルロアの環礁内にコンクリートで固められて放置された放射性廃棄物が、崩壊して流れ出す危険性が話題になっていた。国家がいかに自律性を演じても、機械と機械が次々と連結して、意図されなかった機械を自己組織化しているようにみえる。

IV

痕跡たちの間で

1　大転換は核実験の前に始まった

二度目の日曜日、私は聖堂の裏手に住むレオンを訪ねた。ミサの後で山を歩こうと話していたのだ。リキテアから北に向かう道は、サン・ミシェル聖堂を起点にしている。島の反対側のガタヴァケへ向かう道もそうだ。聖堂の正面の少し先を西に折れて峠に向かう坂道を登る。コンクリートで舗装された道は途中からつづら折りになる。一九三四年に調査に来た考古学者のケネス・エモリーの手書きの地図を見ると、(今ではサン・ミシェル聖堂がある) 王の「集会の家」の前から西に向かう破線があり、その破線はテ・ケヒカというマラエの北側を通って峠までまっすぐ登り、峠を越えて

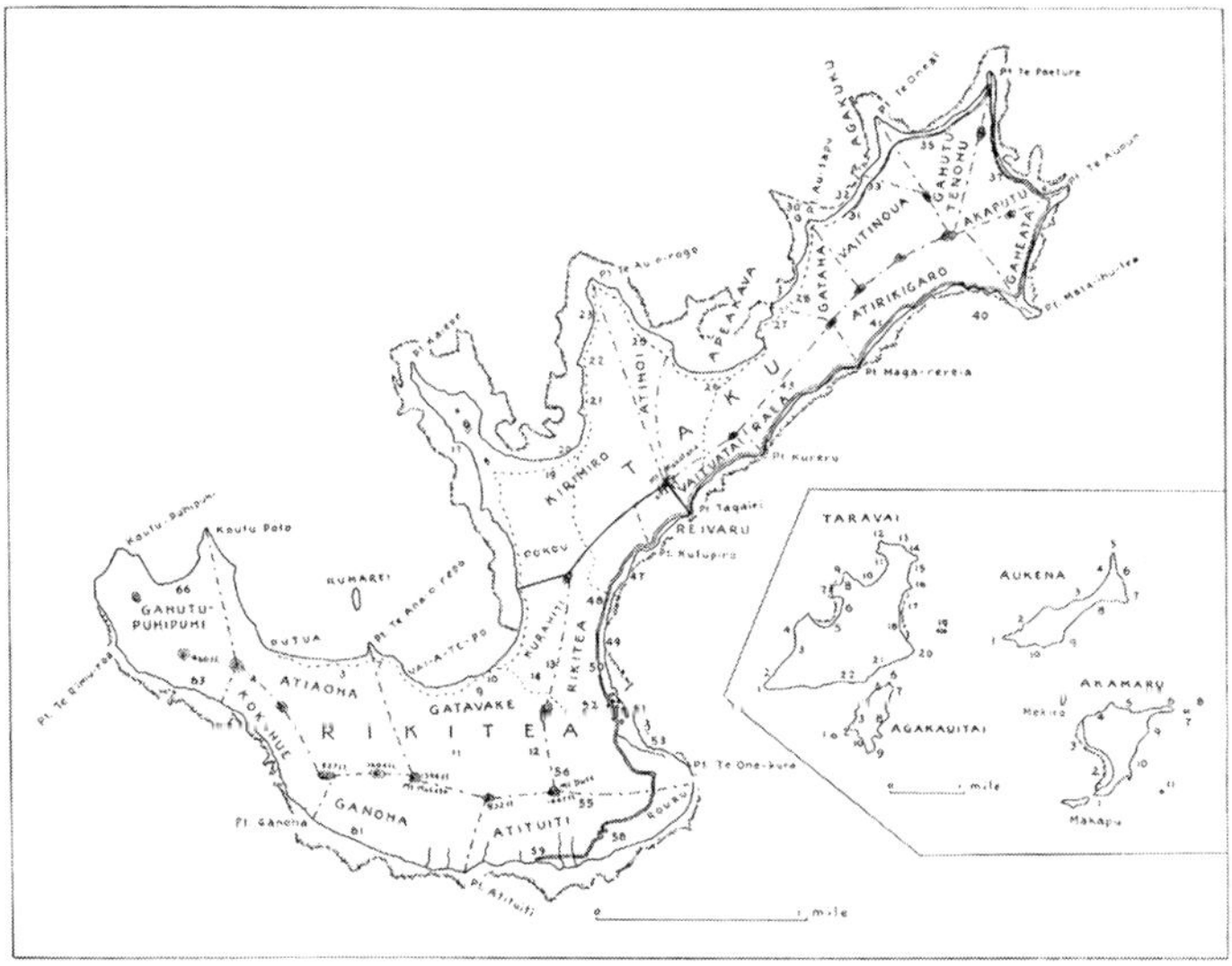

ピーター・バックのマンガレヴァの地図（Hiroa 1938: 7）

ガタヴァケのテ・アオラギというマラエまでつづいている（Emory 1939: 22）。バックのマンガレヴァの地図でもガタヴァケへ向かう道は、ほぼまっすぐにつづく（Hiroa 1938: 7）。

島の南側の途中で途絶える車道は、聖堂を迂回する。まず北に向かう一本道を郵便局のある海の方に曲がると、石の廃墟が残るアンナの従姉妹ルイーズの生家がある。家の周囲にはパンノキが何本もあるが、貨物船が運んでくる米、小麦粉（パン）、インスタントラーメンなどを食べるから、パンノキの実は収穫されない。そこからママクララの家の前を通って南に進むと小学校に突き当たる。海辺には石造の塔が残っている。そこに聖心会の図書館があった。今マンガレヴァには図書館がない。小学校の敷地に沿って坂を登り始めるとアンナの父の妹で小学校の先生をしていたカロリンの家がある。中学校はその南側にあり、その向かいがレオンの家だ。塀の外に吊り下げられた民芸調の木彫看板に宝飾店《ビジュトウリ》と文字が彫られている。中学校の方へは行かずに坂道をテ・マプテオアの墓に向かって登り、その南側のフランス気象局から数キロ西に向かうと道は途切れる。

サン・ミシェル聖堂はマラエを破壊した跡地に建てられたと私は思っていたが、それは一八二五年末から翌年初めにかけて滞在したキャプテン・ビーチーが、神々の諸像を納めた「偶像たちの家」をマラエと勘違いしたことと関係がある。あの時、ジュリアーノは聖堂の正面脇の石に腰掛けてファサードの方を見ていた。聖心会の宣教師たちがやって来た一八三四年、そこには神々の像の家があり、その背後に集会の家があった。

首長のマラエだったテ・ケヒカはダフ山の麓にあり、その少し東側に東西に長い神々の家が、その南側にはより大きな集会の家が連なっていただろう。宣教師たちがマラエを破壊し、神々の像たちは取り去られ、それらはメトロポリスの博物館の珍奇な逸品となったが、神々の家と集会の家は、その配置において、その場所の聖性において、サン・ミシェル聖堂と重り合っている。後から造られた聖堂が、まるでバクテリアが別のバクテリアたちを飲み込むようにして、神々の家と集会の家を内部に取り込んでいるようだ (cf. Margulis 1998)。信条の断絶は見えやすいが、聖地理学的な場所の連続性は、系譜学的に見るのでなければ、その仕掛けは意識されない。その特別な雰囲気において、場所の感覚が息づいている。過去との連続性は他にもある。ガンビエのあちこちで見かける石造の家々は、一九世紀半ばにマラエの石を使って建てられていた (Emory 1939: 19)。私はマラエを見ることはなかったが、分配されたフランス風の石造建築たちがマラエを散逸させ、私はそれらの石造の家を見かけていた。しかし私は何も見ていなかった。それらはそこに存在したが、私たちは上書きされた景観を眺めただけで、通り過ぎてしまうのだ。

島の裏側を少し歩こう。ンガタヴァケと発音するリキテアの反対側のガタヴァケ湾を北に向かうとキリミロ湾に出る。島の東側のオルネリアが働く軽食堂《スナック》の近くから北に向かう山道に入ると、山を越えてキリミロまで歩くことができる。私は早い時期にこの道を一人で歩き、後にレオンの家族や友人たちと何度もこの山道を歩いた。キリミロ湾から東に向かうとアペアカヴァ湾に出る。海辺には石造建築の廃墟が点在している。この湾の中央から山を南に向かって越えて東側に出る山道がある。峠を降りずに尾根伝いに北東に少し行った先にフランス軍が核実験の観測のために設置した気象観測所の廃墟が連なっていた。レオンも、一緒に行った弟のダネも、妹のリディも、その友人のヘレンも、これらの廃墟群を見るのは初めてだった。この尾根はトレイルのコースから除外されていたから人目に触れない。アペアカヴァ湾のさらに北東にタクの小さな集落がある。島の北端は人がほぼいない。しかし以前のガンビエ諸島にはたくさんの人が住んでいた (Mawyer 2015)。ロンドン伝道協会（LMS）のダフ号の船長ジェームズ・ウィルソンは、航海記に次のように記している。

一七九七年五月二四日、ダフ号は人が住む環礁（ガンビエの南東三十七キロにある今では無人のテモエ）を発見してクレセントと名づけ、上陸を試みたが、原住民たちが拒むので諦めた。島には女や子供もいて珊瑚を積み上げた立方体の建造物（マラエ）が見えた (Wilson 1799: 113–116)。ウィルソンは西北西に二峰の高い島を見つけ、その山々をダフ連山と名づけた。日が暮れたので座礁の危険を避けて同じ場所（トテジェジの沖）に留まっていると、島の北端の人々が船に気づき、海岸にはたくさんの火が焚かれた。翌朝六時に環礁の北を通ると、槍で武装した五十人ほどの原住民がいて、少年たちは海岸の石を拾って投げる仕草をした。男たちは敵意を見せて警戒しながら船と並行して岸を歩いた（*ibid.*: 116–118）。彼らはタクの男たちだったのだろう。

ガンビエでは人喰いが行われた。金を稼ぐためにガンビエに行くことにしたジャック・ギヨーも、その風習について聞いていた。タクの戦士がリキテアに捕まると喰われ、リキテアの戦士がタクに捕まると喰われた。アンナによると、強い敵の力を取り込むためにその敵を喰った。弱い敵は喰う価値がなかったという。力の階層性は不変で、個々の力の水準は、力を取り込んだり失ったりすることで、水力学的に変動したのだろうか。しかしマラエが破壊され、首長の子をマラエの上で出産できなくなり、神々の世界から人間たちの世界に流れる力能の導管は閉ざされた。私は核実験が社会変動の分水嶺だと思っていたが、ガンビエの生活世界の大転換はそれ以前に始まっていた。

タクに住む潜水艦乗りのミシェルは、フランス軍が核実験の危険について沈黙したことを怒っていた。一九六六年七月に大気圏内核実験が始まった時、ミシェルは十四歳だった。少年は山に登り、空の色が変わるのを見た。「きれい《セ・ジョリ》！」と彼は思ったという。しかしミシェルがそう思ったのか、それが常套句になっていたのかは分からない。アナ（以下に登場するアナ・テアカロトゥ）によると、キノコ雲の写真がそれぞれの家に配られ、みんなで「きれい《セ・ジョリ》！」と言ったというのだ。それは一九六八年八月二四日に行われたフランス最初の水爆実験カノピュスの写真だった（GEO 2021）。各家庭に配られたそのキノコ雲の写真を見て、皆で「きれい！《セ・ジョリ》」と言うのは、どんな力の作用だろう。

七歳だったピエールも山の上から核実験を見た。空が明るく光り、色が赤くなり、それから黒くなり、しばらくしてからすごい音がした。ピエールにはジルというフランス人の親友がいた。ジルの妹は放射線障害を抱えて生まれた。ジルの父はリキテアの憲兵隊長で、彼らはブルターニュのブレストから来ていたらしい。ジャック・ギヨー以来、ブレストの人々がここにやって来た。今のブレストには原子力潜水艦の基地がある。

一九六六年にママクララは二十二歳で、タクにあった山の気象観測所で働くフランス兵たちの食堂で下働きをしていた。最初のブロックハウスは軍人のために壁の厚いコンクリートの構造物がタクに造られた。クララは最初の核実験が行われた時、タクにあったそのブロックハウスに避難したという。全島民のためのブロックハウスは、今では多目的スポーツ施設と発電施設と砕石場があるリキテア側の海辺に建てられた。ミシェルによると、それはプラスチックのシェルターで、屋根から雨漏りがした。このブロックハウスには五百人が収容できた。中では十六歳になっていたレオンの母モニカが、〈美しい顔〉の若いフランス兵たちにうっとりしていただろう。その海辺にはタプタプアテアというマラエがあった（Emory: 20–22）。今ではマラエの跡形も残っていない。ブロックハウスさえも残っていない。考古学的に見るのでなければ、私たちはミッキーマウスが王であるような類のアトラクションを見ただけで帰ってくるだろう。

2　至高性の例外

マンガレヴァの山道を歩きながら、私は島の動物相と植物相が乏しいと感じた。島の反対側の低い土地には巨大なパンダナスが生い茂り、少し高い所は堅木のアイトや植林した松やアカシアに覆われている。レオンによると、マンガレヴァの山には木がなかった。一九八〇年代半ばに農業省が植林を行って森のようになったという。確かに一九三四年に撮影された『マンガレヴァの民族学』の巻末の写真を見ると、島は木々に覆われていない（Hiroa 1938: Plate 1A. B）。

ダフ山あるいはモコト山の頂上に登るとガンビエ諸島の全てが三百六十度見渡せる。北東に伸びる尾根の上の木々が途切れた所から東西の環礁が見渡せる。北端まで行くと環礁の東から北から西までが見える。東から近づいた三本マストのダフ号の船影は、剥き出しの尾根の上から見えたに違いない。誰かが山を駆け降りて船が来たと知らせただろう。「島の北の原住民たちは、接近する私たちに気づき、同胞たちに危急を告げるため、日が暮れるとすぐに大きな篝火を焚いた。それは断続的にとても奇妙な現象となって現れた。六つか七つに分かれていた火が、次にひとつづきになって現れ、山のこちら側が全て火に覆われたように見えたのだ」(Wilson 1799: 117)。夜は暗く、風は変化し、雨が激しく降っていたから、火を焚きつづけたタクの人々の意図とは無関係に、船はこれを目印にして座礁を避けることができた。

以前は白い花をつけるレヴァ(ミフクラギ)の実から毒が抽出された。その毒を使う人はもういないだろう。薄暗い場所では外来の巨大なエスカルゴ(アフリカマイマイ)が這っている。誰かが植えたマンゴーの大木の実は熟していたが、収穫する人はいない。野生化したグレープフルーツやオレンジが不揃いの実をつけていたが、これらもまた放棄されていた。

ここは東ポリネシア。人類が最も遅く到達した地球上の地域の一つだ。肉食動物や毒ヘビと遭遇する可能性がないから、南アジアやアフリカの森を歩く時の用心はいらない。だが、レヴァの毒を塗った槍を手にした人間との遭遇は恐ろしかっただろう。彼らは殺した敵の肉は味方の間で広く分配し、その残余を敵に送りつけたという。肉を取られた仲間の体の残りを見た人々は、怒りと悲しみと恨みを抱いたに違いない。この広大な海に孤立した環礁の中の狭い世界で、人々は襲撃をかけて敵を喰い、敵に襲撃をかけられて味方を喰われた。私は先に生活世界の大転換は核実験以前に始まったと書いたが、ゼロ年はいつなのだろう。

二〇〇三年にパトリック・カーチらがガンビエ諸島のタラヴァイで行った発掘調査により、ほぼ絶滅したミズナギドリの骨が大量に見つかった。放射性炭素年代測定の結果、それは一〇〇〇年から一〇五〇年にかけてのものであることが判明し、ポリネシア人がガンビエに住むようになったのは一〇〇〇年頃だったと推論された（Kirch *et al.* 2010）。想像上のミズナギドリの視点に立てば、鳥たちは双胴の大型カヌーで突然やって来た人間たちに殺戮され、その生活世界は消滅した。

遠洋航海者たちが、豚、犬、鼠、タロイモ、バナナ、パンノキなどと共にガンビエに辿り着き、ミズナギドリの殺害を始めた一〇〇〇年頃をこの「国家なき社会」のゼロ年にすることにはそれなりの妥当性があるだろう。しかし私は考古学者ではないし、私は生活世界における至高性／主権の転換という社会性の大変動を引き起こした仕掛けの中に、核実験を位置づけようとしていた。そこに重要なパラドクスがあるからだ。

一八三五年に聖心会はマラエと神々の像たちを破壊し、つづいて人々に労役を負わせて複数の教会を建設し、神権政治を行い、至高神が入れ替わり、至高性の大転換が起きた。地政学的な関係の変化を振り返ると、一八四四年にガンビエはフランス植民地帝国の保護領となり、一八八一年にガンビエを含むフランス領ポリネシアはフランス共和国に併合された。一九四〇年にナチ・ドイツの傀儡のヴィシー政権が樹立されると、フランス領ポリネシアは、ペタンの「フランス国」ではなく、ド・ゴールの「自由フランス」に参加した。そして一九四六年にはフランスの海外領土となり、こうして主権の所在と性質が変わっていった。一九六三年に核実験のための施設群の建設が島々で始まると、ガンビエの人たちは収入を得るために労働者となり、後に多くの男たちが核実験場で働くようになった。それはフランスの自由と独立のために、ポリネシアの自由と独立を抑圧するパラドクスだった。しかし本国《メトロポール》の普通のフランス人たちは、「ポリネシアはフランスだ」と言うだろう。それが普通なのだ。（実際、二〇二三年一〇月にフランスから日本を訪れていた地位も名誉もある政治学者の友人に、フランスの核実験が行われたポリネシアで起きたこのパラドクスについて話したら、彼が怪訝そうに「ポリネシアはフランスだけど」と言うので、この転倒が本国《メトロポール》の普通の良識からは見えないことを、私は改めて知った。）

一九六四年のCEP（太平洋実験センター）の設立は、それ以前に動き出した連鎖の部分だから、その年がゼロ年とはならない。フランスは一九六〇年にアルジェリアで核実験を開始した。フランスのマルクールでは軍事用のプルトニウム生産炉G1を改良したG2の建設が一九五五年に始まり、それは一九五八年に稼働してプルトニウムの生産を始めた。アルジェリアでは一九五四年から独立戦争が戦われていた。アルジェリアの独立を容認した後で核実験を継続することには困難が予想されただけでなく、アメリカやイギリスが行ったような水爆実験を行うためには太平洋に核実験場を確保する必要があった。しかしフランス領ポリネシアには飛行場がないから核実験には不向きである、というレポートが書かれた四ヶ月後の一九五七年五月、突然ファアア国際空港の建設が決まった。ジャン゠マルク・レニョは、この時すでにポリネシアで核実験を行うことが決まっていたと考えている（Regnault 2016: 339–346）。しかしこれに関する秘密文書は、請求しても開示されない。

一九六二年にフランス兵がガンビエやトゥアモトゥに現れた。彼らはCEPを建設する場所を探す任務を担っていたのだろう。核兵器開発は秘密と例外がノーマルだ。正式な決定以前に仕事が始まる。私たちはこのことをすでに知っている。原子力の軍事利用と商業利用は政治的には区別されていたが、技術的にも政策的にも両者は一体だった。一九五八年四月にマルクールで核兵器開発を行っていたことを正式に認めるまで、発電用に擬装したG2を使って核兵器開発を進めていたことは秘密にされた（Hecht 2009: 65–78）。だからゼロ年を探し求めることには政治的な意義があるとしても、学問的には別のアプローチが必要だ。

私はデュメジルの至高神と主権の神話研究における戦争神の位置づけ、アガンベンの主権研究におけるフーコーの権力論が問題にしなかった例外性への着目、カール・シュミットの政治神学における神の奇跡のような主権の例外性という出発点に立ち返り、ガンビエでは聖心会のラヴァル神父がオイコノミア（家政）として実践した神権政治の成り行きを追い始めていた。至高性／主権の根源には例外があり、戦争神は例外であり、人類と文明を滅亡させるほどの止められない破壊力をもつ核兵器の開発は、本質的にノーマルにではなく例外に関わり、それらは例外性においてノーマルに介入する。これは法体系を超える問題であり、だから国民主権のような用語法における主権の問題ではなく、リアルな至高性／主権の問題、つまり例外によって打ち立てられる支配の問題なのだ。

私たちは一七九七年五月二四、二五日のダフ号に立ち戻ろう。そこがゼロ年だからではなく、隠された至高性／主権の入れ子の働きを追うためだ。ダフ号はロンドン伝道協会の三十人の宣教師と家族たちを運ぶ途中だった。その時ダフ号はタヒチとトンガを経由してマルケサスに向かっていた。キャプテン・ウィルソンは高い島を含むこの諸島に、英国海軍の英雄だった提督ジョン・ガンビエの名を与え、二峰の山をダフと名づけた。彼らは槍と石で武装した男たちと衝突することを避けて上陸しなかったから、その対象を知らずに名づけただけでマルケサスへ向かった。ガンビエは、その時から、歴史の中に存在している。

タヒチのマタヴァイ湾で下船した宣教師たちの中に、ウィリアム・ヘンリーと妻のサラがいた。ロンドン伝道協会のこの宣教師はイギリス人ではなく、イングランドが支配したアイルランドの人だった。一八〇〇年に生まれた息子のサミュエルは、タヒチでヘンリーの義理の息子となるアイルランド人のトマス・エブリルと共同でサトウキビのプランテーションを経営した後、二人は黒蝶貝と黒真珠を手に入れるために、一八三二年にジャック・ギヨーと共にガンビエにやって来た。

ギヨーはブルトン人でヘンリーとエブリルはアイルランド人だ。このような帝国の周縁人たちが、東ポリネシアの周縁で、宣教と交易と植民地支配（マンの用語ではイデオロギー、経済、軍隊、政治の四つの異なる権力）が縺れたコンテクストの中で代理人の仕事を担っていた。積荷が運ばれた航路はチリのヴァルパライソとオーストラリアのシドニーを繋いだ。（ヘンリーの妻はシドニーの宣教師の娘で、ヘンリー自身もシドニーの学校で学んだ。後にギヨーの息子ダニエルはヴァルパライソの寄宿学校で学ぶ。）一八三四年に聖心会の宣教師たちが来る。ボルドーからボードレーズ号に乗り、ヴァルパライソを経由して。一八一六年にジャック・ギヨーが船大工見習いとしてボルドーから乗船してヴァルパライソで逃げたあの同じ船だ。

3　トタンの家と二本マストのヨット

私は朝四時過ぎに目を覚まし、蝶番が外れかけた扉をもち上げながらそおっと開け、南東の風で閉じないように針金で支柱に固定して、壊れた椅子が一つ置かれたテラスから海と空の色が刻一刻と変化するのを見た。上昇気流に乗って滑空するミズナギドリよりも小さな二羽のウミツバメが、不意に急降下して海面すれすれで反転して空に弧を描く。リキテアの海は汚れている。トイレの糞尿も台所と洗濯機の排水も海に流す。だから以前は海水を使って料理をしたが、今はやらないとアンナが言っていた。汚染水を海に流しながら、貨物船がどこか遠くから運んでくる商品の塩を買ってきて目の前の汚染の影響を回避するのだ。

晴れた朝は、一九六七年に大型輸送機が発着できる三千五百メートルの滑走路が建設され、後に千七百五十メートルに縮小された飛行場の三角屋根が水平線上に見える。三角屋根から少し離れた右手の樹木の帯は南へつづく。その中にアンナの父方の祖父の小屋がある。彼は学校の先生でフランス語が読めたから、このモトゥ（環礁の島）が接収されることを理解し、訳も分からずに署名した人々が多かった中で、小屋を継続して使えるように交渉して使用が認められた。だからアンナにとってトテジェジの小屋でキャンプできることは誇らしいことのようだ。小屋の周囲には撤去されたはずの軍事施設のコンクリートのガレキや錆びたパイプやケーブルが点在していた。そこに多い時には七百人のフランス兵が駐屯していた。

カロリンによると、CEP以前のマンガレヴァは貧しかった。人々は粗末な小屋に住み、自動車も自転車もなかったが（自動車は島に一台しかなかった）、魚が獲れると皆で分け合った。一九六四年にCEPが活動を開始すると賃金が貰える仕事が現れ、人々は毎月現金を手にするようになり、そのお金で外来の木材を買って家を建てた。フランス軍が、週に一度リキテアに来て野菜を買うので、島の人々は畑で野菜を栽培した。核実験の危険については何も知らず、やがて甲状腺癌、乳癌、前立腺癌、肺癌、白血病、その他の癌で人々がたくさん死んだ。クララによると、大気圏中核実験が始まると、フランス軍は、突然、野菜を買わなくなったが、その理由は知らされなかった。

トテジェジの外洋側は良い漁場で、私たちは巨漢のルイが操縦するヤマハの百馬力の船外機を付けたボートで送り迎えしてもらい、そこで二度キャンプをした。ルイは銛で魚を突く名人だ。彼はタクに住み、海辺の広い敷地には石造の家の廃墟があり、ブラックベリーの木が実をつけていた。一九世紀半ばに誰かがこの石の家を建ててブラックベリーを植えたのだろうが、ルイは石の家の住人については何も知らなかった。屋根と壁にトタンを打ちつけた粗末な家には、小さな太陽光パネルと蓄電池が備え付けてあった。リキテアから離れると、太陽光パネルや雨水を溜める大きなタンクが目につくようになる。

ルイの家の前には彼のボートが繋留され、少し離れたところには二本マストのヨットが停泊していた。それはルイのヨットだった。ドイツ人の老夫婦がこのヨットでマンガレヴァに来て、体調が悪くなり飛行機で帰国した。ルイの知人がヨットを書類代だけの五フラン（およそ五円）で買い、ルイがそれを十万フランで買った。このヨットにはGPSとWi－Fiと太陽光発電システムと冷蔵庫や電子レンジまであるとルイは自慢した。どこかに航海するのかと聞くと、エンジンが故障しているから修理が必要だし、それには金がかかり、パペエテでは繋留料金が一日で一万二千フランもするから、ヨットを修理して百万フランで売って小さな家を建てたい、と彼は言った。彼らはもう遠洋航海者ではない。マンガレヴァにヨットでやって来る欧米の白人たちが遠洋航海者なのだ。

ルイは以前、真珠の養殖場で働いていた。一日重労働して五千フランにしかならず、核入れをする中国人の移植職人は軽い作業だけで二万フラン貰っていることに嫌気がさして辞めた。彼の贅沢はリキテアに出てきた時に六百フランの冷えたコカ・コーラの大瓶を飲むことだ。タクには雑貨店《マガザン》がないし、そんなことはめったにしない。ルイは貧困と富を拡大させる仕掛けの中で、転売目的の背取りをしているのか。

産業革命が進行した一八世紀末から一九世紀初めのイングランドでは、富の拡大と貧困の拡大が同時に起こるパラドクスが問題となった。カール・ポランニーによれば、資本主義が富を産むためには労働者の貧困を必要とした。だからそれはパラドクスではない。市場は貧困を解消しないのだ（Polanyi 1957 [1944]）。産業革命の周縁人たちは、船主や荷主の代理人として南太平洋で富の拡大と貧困の拡大に寄与し、しかしその手段は市場ではなく、暴力と政治と宗教の諸力を動員した経済活動だった。それは経済と暴力と政治の諸力を動員した宗教活動だったとも言える。ヘンリー、エブリル、ギヨーはそんな代理人だった。

早朝、クララはキリストの絵が置かれた道路に面した居間の奥の部屋で祈っている。そこにはクララの父方の祖母クララ（マンガレヴァ語ではカララ）の肖像画がある。絵の中のクララの首には腫れ物があり、彼女はこの腫瘍のために死んだとクララは言った。肖像画を描いたのは、一九三四年にリキテアに四ヶ月間滞在した人類学者のピーター・バック（テ・ランギ・ヒロア）だ。彼の父はニュージーランドに移住したアイルランド人で、その妻はマオリだった。しかし妻に子供が生まれなかったので、バックの生母は彼女の妹だった。テ・ランギとクララは、マオリ語とマンガレヴァ語で会話した。以前この家にはハワイのビショップ博物館の館長だったバックから贈られた『マンガレヴァの民族学』（Hiroa 1938）があり、アンナは英語は読めなかったが、絵は理解できたという。五

郵便はがき

料金受取人払郵便

神田局
承認

1124

差出有効期間
2025年９月30
日まで
（切手不要）

101-8791

535

千代田区外神田
二丁目十八―六

春秋社

愛読者カード係

＊お送りいただいた個人情報は、書籍の発送および小社のマーケティングに利用させていただきます。

(フリガナ) お名前	歳	ご職業
ご住所 〒		
E-mail 小社より、新刊／重版情報、「web春秋 はるとあき」更新のお知らせ、イベント情報などをメールマガジンにてお届けいたします。	電話	

※新規注文書（本を新たに注文する場合のみご記入下さい。）

ご注文方法　□**書店で受け取り**　□**直送(代金先払い)** 担当よりご連絡いたします。

書店名	地区	書名	冊
			冊

ご購読ありがとうございます。このカードは、小社の今後の出版企画および読者の皆様とのご連絡に役立てたいと思いますので、ご記入の上お送り下さい。

〈書　名〉※必ずご記入下さい

●お買い上げ書店名(　　　　地区　　　　　　書店　)

●本書に関するご感想、小社刊行物についてのご意見

※上記をホームページなどでご紹介させていただく場合があります。(諾・否)

●ご利用メディア	●本書を何でお知りになりましたか	●お買い求めになった動機
新聞 (　　　　) SNS (　　　　) その他 **メディア名** (　　　　)	1. 書店で見て 2. 新聞の広告で (1)朝日 (2)読売 (3)日経 (4)その他 3. 書評で (　　　　紙・誌) 4. 人にすすめられて 5. その他	1. 著者のファン 2. テーマにひかれて 3. 装丁が良い 4. 帯の文章を読んで 5. その他 (　　　　)

●内容	●定価	●装丁
□満足　□不満足	□安い　□高い	□良い　□悪い

●最近読んで面白かった本　(著者)　　　　(出版社)

(書名)

㈱春秋社　電話 03-3255-9611　FAX 03-3253-1384　振替 00180-6-24861
E-mail : info-shunjusha@shunjusha.co.jp

百頁を超えるこの民族誌には、地図、道具の絵、編み方の図解、巻末の写真などの視覚的な資料が挿入されているが、その内容は相互参照するテクストから構成されている。アンナは父がこの本を誰かに貸して無くなってしまったことを残念がっていた。アンナは人類学者のバックと曽祖母の関係の近さを誇りに思っていたが、研究の内容は全く理解していない。しかしバックとの関係を誇りに思うことと、私を受け入れることを決断したこととの間には、肯定的な関係がありそうだった。

朝六時過ぎ、私はバスタオルを巻いて浴室から出てくるオルネリアと言葉を交わすことがあった。彼女は顔をしかめながら、もうすでに遅れている……と言いながら身繕いをした。ある朝、私は浴室から素っ裸で出てきたオルネリアと鉢合わせして、陰毛もイレズミもないその巨大な赤ん坊のようなまるまると太った体を正面から見た。私は何も見なかったふりをして台所へ向かった。

ある時、台所でぬるっとするものを踏んだ。それは犬の糞だった。またある時、シャンプーや石鹸やオルネリアの安全剃刀などを置いた台の上に、人の大便の塊があるのを見た。浴室には照明がなかったから、私は懐中電灯の光を向けるまで、その存在に気づかなかった。浴室の隣のトイレには紙がない。ここに来た最初の日、トイレから直接海に流すから紙は使わないのでお尻は水で洗うようにと言いながら、オルネリアはお尻の割れ目を手で洗う仕草をした。誰かの大便がその過程で取り残されたのだろう。海に面した小屋のテラスでは、木材が古いから踏み抜かないようにし注意した後、夜おしっこに行きたくなったらここからしてと言って、彼女は架空のペニスを指で掴んで腰を前に突き出した。また別の朝、アンナは豚のレバーペーストの瓶を開けて、ティースプーンで掬ってクラッカーに塗ったり、直接口に入れて食べたりした後で、あなたも食べる？とそのスプーンを私に手渡した。ここは私的領分の境界感覚が異なる。それはヘンリーとエブリルと共に働き始めたギョーが感じたことだった。

4　軍隊には無限の機会があります

アンナはタヒチにいる夫のことを話さなかった。彼女にとって、中国人の夫は、家族の物語の主要な構成要素ではないからなのか。他方、アンナは家族を捨てた父のことを「私のパパ」と呼んだ。それには芝居じみた奇妙な響きがあった。甘えたような声で「パパ」と言うのだが、言い方が不自然なのだ。クララの家を初めて訪れた時、マルティヌもそれが気になったらしく、あなたは私の父とはいわない、と唐突に言った。アンナはその後も「パパ」と祖父のことを話題にしたが、それは祖父の土地の相続権に正当性を与えるからだろうと私は思うようになった。

アンナの父は、彼女が九歳の時にモルロワで働くためにクララと別れて家を出て行き、彼女が十四歳か十五歳の時に三ヶ月だけマンガレヴァに戻って来たが、クララがポールを身籠った後に再び出て行った。アンナは十一歳の頃から中学で学ぶためにタヒチの寄宿舎にいたが、十五歳の時にマンガレヴァに戻り、母方の祖父の家に身を寄せて、クララと共に彼女たちが「ヴァアン」と呼んだロベール・ワンの真珠の養殖場に働きに出た。マリー＝ローズは父方の祖父の家で育てられたから、父方の祖父母のこともその家のこともよく知っていた。アンナは十九歳から五十歳までタヒチに住んでいて不在だったから、なおさらこの祖父母のことを知らない。私がトテジェジに初めてキャンプに行った時、アンナとマリー＝ローズも来ていて、アンナに小屋のことを聞くと、彼女がそこに来るのは実は二度目であり、祖父の家で育てられたマリー＝ローズの方がよく知っていると言い訳した。

四つのことを補足しておこう。まず言葉について。マンガレヴァ語はwをvと発音し、gはngと発音する（Hiroa 1938: 11）。だからワンの真珠の養殖場はヴァアンと呼ばれ、オルネリアの息子トゥル＝ラギのギの音は、ンと言いながらギと発音する。ピーター・バックのマオリ名であるテ・ランギ・ヒロアの表記に倣うと、トゥル＝ランギとなり両者の繋がりが見えてくる。ランギは天。トゥルは柱。トゥル＝ランギは、天を支える柱だ。ジェルのイメージを借りると、暗い天界と明るい人間界を繋ぐ柱／導管。マオヒの世界では、オロ神の棍棒トオだ。フランス語は、間違いを気にせずに話される。モニカが、若いフランス兵の〈美しい顔〉に言及した時、「美しい」は男性形を使うところを、女性形を使って《belle visage》と言ったことはすでに述べた通りだ。モニカはそれを繰り返した。そこに、フランス化できない何かがあるのだと私は思った。後日、モニカが言ったままをアナに話すと、「美しい」の男性形を使って《beau visage》と言い換えながら、モニカもフランス兵に夢中だったと思う、と言って笑った。

二つ目は養子。マンガレヴァでは産みの親と育ての親が異なる人たちがたくさんいる。アンナは、両方の腕に赤子を抱いて左右の乳首から母乳を飲ませる仕草をして、マンガレヴァでは乳が出るとこんな風にして自分が産んだ子供と別の女が産んだ子供を一緒に育てたと話した。フランス兵たちがガンビエに来た時、多くのマンガレヴァの娘たちが妊娠し、父のいない子供たちが生まれた。生まれた子供たちの多くは、育ての親たちが養育した。アンナの養女であるメイレガテイポの母もそうして生まれた。アンナによると、だからメイレガテイポの肌は白い。クララにフランス兵たちとマンガレヴァの娘たちの間に生まれた子供たちのことを聞くと、私の問いには答えず、あの時は性病が流行した……とだけ言った。これらの出来事もまた核実験の顛末の一部分だ。

三つ目は名前の反復。アンナに父の名前と祖父の名前を尋ねると、父はテオフィル、父の父はテオフィル、父の父の父はテオフィル、その母がローズだと言った。ローズにはテオフィルという弟がいてライアテアに行った。ローズにはアンナという妹がいて、モニカはこのアンナの子孫だ。我らのアンナにはテオフィルという名の従弟たちがいる。その一人はアンナの父テオフィルの妹の息子で、彼の父はオーストラルの出身だ。テオフィルは、マリー＝ローズが住む土地に隣接する山裾の斜面を開墾していた。もう一人はアンナの父の弟の息子だ。

ある日、私はアンナが運転するＧＯＮＯＷという中国製のおんぼろ二列シートのピックアップに乗って、マリー＝ローズの家を訪れた。夕方にはそれよりもずっと先まで走るので、異なる距離感が重なって変な感じがしたが、アンナはオルネリアを七百メートルしか離れていない職場まで車で送る。庭先の浜辺の木陰では、マリー＝ローズの夫のガストンとアンナたちの従弟の若いテオフィルともう一人の従弟のテオフィルが、二年ほど成長させた黒蝶貝の殻にこびり付いたフジツボや海藻をナイフでそぎ落とし、核入れを終えた貝を海中に吊るすためにドリルで穴を開けてナイロンの紐を通す作業をしていた。私はマンガレヴァに来て数日後、オルネリアが働く軽食堂《スナック》の近くから山道を登り、キリミロに出て、ガタヴァケ湾に南下し、太めの若い男が大きな木を切り倒しているのを見たことがあった。その近くでは太った中年の女がのろのろと動いていた。その男がテオフィルで、もう一人はアンナだった。この土地もアンナの祖父テオフィルの土地の一つで、ペンションを営む親族と二分割して、海側をこの親族が所有し、山側をポールとアンナが開墾して、それをテオフィルが手伝っていた。

四つ目はノマド。ＣＥＰがやって来る以前、マンガレヴァの人々は、複数の場所を移動しながらコーヒーを栽培し、ココヤシからコプラを作り、暑い時期に三ヶ月だけ場所を変えながら海に潜って黒蝶貝を獲った。異なる場所とタイミングで異なる経路で利潤を産む商品を生産するために、彼らは複数の小屋を移動しながら働いた。コーヒーとコプラは六ヶ月ごとに来る船に積まれ、黒蝶貝はタヒチから中国人が来て買って行った。アンナがノマドと言うのは、異なる季節に異なる場所の小屋の間を移動しながら働いた生活のことだ。産業革命以降の世界規模の資本主義経済の発展の中で、ガンビエの人たちは、複数の一次産品を環礁内の異なる場所で生産しながら、異なるルートの末端で仕事する仲買人たちにそれらを売って現金を得るために、ノマドでありつづけた。しかしCEP以降、人々が魚を分け合うことにおいて可視化され触知され言葉を交わし合った、カロリンが「共同体の《コミュノテール》」と呼ぶ、島の関わり合いは失われ、人々はノマドでもなくなった。CEPの圧倒的なスケールの介入によって、かろうじて保たれていた「共同体の《コミュノテール》」関係性が、一気に崩壊したのだ。

役場や憲兵隊で行わなければならない交渉や事務手続きは、アンナが一人でやる。アンナによると、妹と弟は性格が良いから仕事が進まない。だから彼女が「豚《コション》」のような性格になって机を叩いて交渉する。彼女は登記やその他のいくつもの許可の手続きのために、緑の地に赤と黄の模様が入ったいっちょうらの薄物のワンピースを着て、時には気取った白のつば広帽子を被って交渉に出かけた。そんなアンナは、競い合って洒落た格好でミサに出かける島の女たちの一人に見えたが、彼女は教会には行かなかった。アンナがこれ以外の機会にこの勝負服を着たのは、タヒチに戻る私を波止場まで送ってくれた時と、私が帰国する直前にクララを専門医に診せるためにCPS（社会保障基金）と交渉して二人分の航空券と医療費の全額を出させて末娘の誕生日を祝うポワントゥ・ヴェニュスに近いタヒチの家に現れた時だった。

アンナはマンガレヴァに戻り、法律上の名前とは異なるママトゥイの姓を名乗り、二人の祖父が遺した土地を相続人の間で分けて登記し、建築許可を得て開墾することに掛かりっきりだった。アンナは自分の子供たちを島に移住させようとしていた。長女のオルネリアは一年前から軽食堂《スナック》で週六日働き、毎月十六万フラン稼いでいた。次女のクラは中学校の教師でタヒチからマンガレヴァへの移動が許可されたが、空きがないという理由でタヒチにいた。息子のヤンは大学を卒業しても職が見つからず、フランス軍に入隊しようとしたのでアンナは叱った。私の息子よ。良い仕事に就けずに兵士になってフランスのために死んだら、それほど馬鹿げたことはない。ヤンは、ママンわかったよ、と答えたという。

居間のテレビからフランス軍の宣伝が流れていた。「フランス軍には無限の機会《オポルチュニテ》があります。持続可能な農業。再生可能なエネルギー。それらの技術はフランス軍で習得できます〔…〕」。夜のニュースでは、さまざまな技能トレーニングを受けるポリネシア人の若い男女の新兵たちの訓練の映像を挟んで、白い制服のフランス軍の司令官が、軍隊が提供する絶好の機会について揺るぎない確信をもって話していた。アンナは怒った。フランス軍が与える機会は罠だ。機会なら軍隊に行かなくてもここにある。私たちにとっての機会とは、マンガレヴァの土地を開墾して耕作することだ。

このセリフには誇張がある。ポールは農業が嫌いだった。それにアンナは開墾した土地に小屋をいくつか建てて、長期滞在する観光客にそれを貸すというビジネスを思いついた。私が小屋に住むようになったからだ。それは上手くいかないだろう。私のような観光客が来るとは思えないから。

5　それはどう肯定的なのか？

アンナの父から曽祖父までの三人がテオフィル・ママトゥイで、曽祖父の母はアンナによると「たくさん抵抗した《ボク・レヴォルテ》」ローズだ。その父がジャック・ギヨーだった。私には気にかかることがいくつかあった。ジャックからアンナまで六世代なのだ。しかしアンナは七世代だと言った。三度結婚したローズは、なぜ生涯ギヨーの姓を名乗ったのか？　アンナが愛着を抱くローズは何に抵抗したのか？　この最後の問いは特に問題だ。ローズはフランス人の入植者を父にもつ特別な地位にあり、貞操を強いた聖心会の教えに徹底的に反抗しながら欲望を満たそうとしたようにみえる。それを許容する社会の多様性が肯定的な性格をもつと言うのであれば難しくない。私にとって難しいのは、そこに反動ではなく、肯定的な生き方の可能性を見い出すことだった。ヴェイユの「革命の幻想」のパラドクスが問題にしたように、抑圧への反動は新たな抑圧を産むのだから。

より簡単なところから始めよう。アンナが祖父の土地の相続権を証明するために保持していた書類の中に、家系図というか祖先たちの名前を並べた表があった。最初の名前はディダス・ギヨーだ。ディダスはブルターニュの人だとアンナは言ったが、別の機会に祖先はジャックだと言うので、二人の関係を聞くと、ディダスはジャックの父だと言ってアンナは微笑んで、それきりになった。私はアンナが曖昧なことを自信をもって言い切るやり方に気づいていた。にっこり微笑んだり、劇的に言い切ったりする。そうやって根拠の欠落を穴埋めする。

私が帰国後に読んだジャック・ギヨーの手記は次のように始まる。「母は私を産んで数日しか生きられず、母の死の四日後、父はその地方で流行していた天然痘のために死んだ……」（Guillou 2018: 10）。ジャックが生まれたのは一七九九年四月二日。父の名はロラン。ブルターニュのポン＝クロワで日雇いをしていた。母はマリー。十七歳だった長男のイヴ（ヤン）はキャラックの近郊で馬の飼育者となり、十五歳だった次男のダニエルはブレストで水兵見習い、十三歳の姉のローズとその下の弟たちのアレクシ、アントワン、そしてジャックは、ポン＝クロワに住む母方の祖母に引き取られた。その後、アントワンは肺結核で死に、アレクシは十三歳の時にブレストの船大工の所で働き始め、七歳だったジャックはアレクシと一緒にブレストの代父の家に引き取られた。十六歳だったローズはドゥアルヌネの漁船員と結婚した（*ibid.*: 10-13）。

　ジャックがポリネシアにやって来る前の足取りについて、彼は以下のように書いている。それには誇張や脚色が含まれているだろう。一八一五年六月に皇帝ナポレオン・ボナパルトがワーテルローの戦いに敗れて失脚した頃、騎兵部隊にいた長兄のヤンからは音沙汰がなく戦死したと思われた。次兄のダニエルは第一海兵歩兵連隊に配属され、漁師と結婚したローズは男の子を産んだ。十六歳のジャックは恋人のアニェスとの結婚を夢見ていたが、翌年一月の夜に彼女は馬車に轢かれて死んでしまった。生きる場所を変えたかったジャックは、ダニエルの仲介でチリに向かうボードレーズ号の船大工見習いとなり、一八一六年一〇月二五日にボルドーを出港して一八一七年三月一〇日にヴァルパライソに入港した。ジャックはそこで南アメリカの「解放者《リベルタドール》」サン＝マルティン将軍に魅せられて独立戦争を戦っていたヤンと再会し、彼と共にチリからアンデス山脈を越えてペルーに入りスペイン軍と戦った。ジャックはサンティアゴで、チリの社会に溶け込んでいたフランス人の船乗りジャン・トルテルと出会った（*ibid.*: 10-46）。

「私はかなり早くその国の言葉を理解できるようになり、私の独立を保証することを可能にする職業を探していた」（*ibid.*: 46）。独立。それはより大きな余白《マージン》をもつこと。それが目的で代理人になるのか？　それは先住民たちから奪うことによって、自然から奪うことによって、手に入れることができた。貿易商たちは全てイギリス人とアメリカ人で、彼らはスペイン海軍の封鎖を掻い潜って密貿易に従事していた。二十歳だったジャックは、あるイギリス人のブローカーの商品をラバで運び、海岸で火を焚いて船に合図し、密輸品を引き渡し、金塊あるいは銀塊で代金を受け取り、税官吏にそれを一つ手渡して見逃してもらっていた（*ibid.*: 47）。

一八二二年八月、ジャックはヴァルパライソで四十二トンのスナッパー号の船長でアイルランド人のトマス・エブリルと出会った。この船はタヒチに母港があり、シドニーとヴァルパライソの間の島々で交易をしていた。スナッパー号の船主はロンドン伝道協会の宣教師の息子でポマレ二世を魅惑したサミュエル・ヘンリーだった。同胞のジャン・トルテルは、真珠貝および真珠との交換で、エブリルにアンデスの軍隊の小銃と火薬と道具類とひと山の安ピカ物を売る際に、積荷を監督する上乗り見習いとしてジャックを乗船させて、その費用を輸送料に含めるよう要求した。九月五日に船はヴァルパライソを出港し、途中でガンビエの二峰を右舷に見ながら通過し、ヘンリーが待つタヒチのマタヴァイ湾に向かった（*ibid.*: 53–56）。

ジャックはこうしてヴァルパライソとシドニーに関係先があり、タヒチでサトウキビのプランテーションを共同経営し、インディアンと呼んだ島嶼の人々に黒蝶貝と黒真珠を集めさせ、武器と火薬を売ったエブリルとヘンリーの仲間になったが、その後の顛末は省略する。アンナは、ジャックのことを船から逃亡した元船乗りだと話していた。手記には書かれていないが、ジャックは船大工見習いとして雇われたボードレーズ号から逃亡したと思われる。

ジャック・ギヨーは、一八三二年からガンビエに住み始め、リキテアの若い王の家の近くに土地を得て、一八三四年にトア・マ＝ンギティ（ケレティィナ）と結婚した。彼は、島の娘たちは親の所有物であり、外国人と結婚するとマンガレヴァ人ではなくなり、家族と共同体から排除され、生まれた子供たちもまた他所者になると教えられた（ibid.: 112–113）。ジャックの子供たちは、娘たちのアニェス、ローズ、アンナも、息子たちのダニエル、ダマ、アレクシ、テオフィルもみな他所者で、娘たちの姓は生涯ギヨーのままだった。

ラヴァル神父の回顧録にディダスのことが書かれている。「その頃〔一八四三年〕Ｊ・ギヨーは、まずい立場にいた。彼は妻の妹を強姦し、彼女は彼の子供を身籠った。彼はこの私生児を、我々が島々から離れるのを見た三人のイギリス人の修道士たちの所為にして、都合よく否定したが、子供が生まれると彼にとてもよく似ていたので、それを認めた。彼はティタコ（ディダス）と名づけられた。彼は成長すると、私が知っていた全ての混血児たちと同様に、良俗にとっての禍となるだろう。そして彼は外国へ立ち去るだろう」（Laval 1968: 243）。

ジャックによると、ラヴァル神父は、ガンビエを訪れたイギリス人やアメリカ人やフランス人の船乗りや商人や女たちの放埒に激怒し、天罰が降ると呪いの言葉を発した（Guillou 2018: 188）。ジャックの妻ケレティィナが妹のウテピアを呼び寄せて二年が過ぎていた。「ケレティィナは暫く前から私には言い出せない一つの考えを抱いていた。彼女はついに決心して、私に妹のウテピアと子供を作るよう求めた。その当時は生まれてくる子供たちの大多数が虚弱で、腸に問題を抱え、多くは死に、あるいはひ弱なままだった。それに対して、アニェス、ダニエル、ダマは目に喜びを与えるほどに発育し、丈夫で、りっぱな体つきをして、皆が羨んでいた」（ibid.: 196）。

コレラだと思われた疫病が流行してケレティィナが子供たちと生家に避難していた二週間、ジャックはウテピアを愛し、ケレティィナが戻ると彼女を愛した。姉妹は同時に妊娠して噂になったが、ジャックは信仰をもつふりをして放蕩のあげくにラヴァル神父に追い出された三人のイギリス人水兵の一人がウテピアの子の父だと仄かした。ウテピアは一八四三年一一月一三日に大きな男の子を産み、ジャックはばつが悪かったが誇らしかった。子供はシプリアン神父によってディダスと名づけられたが、怒ったラヴァル神父は教会の入り口に、ギヨーは一ヶ月以上立ち入り禁止と掲示した。ある修道士はジャックの破門を主張したが、神父たちはそこまでは罰しなかった。十日後にケレティィナが女の子を産み、ジャックはローズと名づけた（*ibid.*: 196–201）。ジャックは教会に糾弾されたが、慣れない規則を負わされて無言で苦しんでいた人々は、彼の行為を評価していると感じていた。

アンナがもっていた家系図の一番上に記されたディダスは、ジャックとウテピアの間に生まれた子供だった。妹のウテピアと子供を作るようにジャックに頼んだケレティィナは、同じ時期にローズを産んだ。ディダスとローズの誕生は、ジャックとケレティィナとの出会い、そしてケレティィナの養母であるシャーマンのマイアコとの出会い抜きには考えられない。ローズ・ギヨーは、ジャックの娘であることが強調されるが、ローズはケレティィナとして知られるトア・マ゠ンギティィの娘であり、その養母のマイアコがシャーマンだったことは、ローズの人格形成にも影響を与えただろう。アンナはジャックやローズとの繋がりを不自然なほど強調するが、彼女は母方の親族の影響をより強く受けていた。アンナが一緒に住んだ母方の祖母はカラランの娘で、彼女は教会には決して行かず、ポリネシアの神が彼女に憑依したという。聖心会の労役を逃れるために外洋に出て行った親族の男のことをアンナに話したのも母方の祖父だった。

6　偉大を超えるローズの軽薄

偉大と卑小を横切る軽薄。ローズの抵抗について書く前に、彼女の抵抗に魅惑されたアンナの言葉から始めよう。「フランスは偉大でポリネシアはちっぽけ。ディレクターはみなフランス人。医者はフランス人。弁護士はフランス人。消防士はポリネシア人。掃除夫はポリネシア人。七代前の祖先はフランス人」。ガンビエでの一回目の調査から戻った後、私はアンナが口にしていた印象深い言葉を繋いでこう書いた。調子が異なる最後の一句はパラドクスのようだが、そこには従属と抵抗の二つの相反する契機が含まれる。

偉大なフランスとちっぽけなポリネシアの隊列は、文化から軍隊にまでまたがる中央集権的な機構の枝葉に支えられた階層関係を示すが、七世代前（実際は六世代前）の祖先がフランス人だったとアンナが話したことは、そこに働く入れ子の存在を示している。黒い肌のポリネシア人には白い肌のフランス人の祖先がいた。それは誇るべきことなのか？　それは階層性を再生産する仕掛けではないか？　すでに明らかになり始めているように、ローズの母となるトア・マ＝ンギティが家の中にもち込んだ異質な繋がりも、丈夫な子供が産めるように妹のウテピアと性交するようにジャックに頼んだケレティナの生の感覚もまた、この家族のモラリティの醸成過程で作用していただろう。

偉大なフランスとちっぽけなポリネシアの喩えのパラフレーズは、ヤンが法学部を卒業しても良い就職先が見つからず（実際は、ヤンは漫画が好きで、漫画家になりたかったのだが、アンナはそれに反対した）、フランス軍の兵士になろうとしたあの出来事と関係がある。ヤンの友人はフランス軍の空挺兵となり、マリあるいはニジェールに駐留する部隊にいた。そこに開かれた機会が、アンナには罠に見えたのだ。彼女が言うには、フランス人がタヒチで良い仕事を見つけることは簡単だが、ポリネシア人はパペエテの大学を卒業しても、医者や弁護士にはなれない仕組みになっている。そうなるためには本国《メトロポール》の大学で学ばなくてはならず、それはポリネシア人にとって容易なことではない。そしてあの圧倒的な核実験だ。

何年か前に、私はコタンタン半島のラ・アーグの再処理工場とフラマンヴィルの原子力発電所のある海で魚を獲って食べたある一日のエピソードを書いた。ギィがボートを出して、海に潜って魚を突いたのは次男のアントワンだった。その頃のアントワンはパリでの生活に飽きていて、彼女と共にタヒチで仕事を見つけて移住しようとしていた。彼はタヒチで三年働いてみて合わなかったら戻ってくると言った。彼の自由な選択は、本国《メトロポール》から海外領土に向かうことは容易で、逆方向の移住には特権あるいは特例を必要とする階層的な非対称性があることを暗黙の前提としている。「フランスは偉大でポリネシアはちっぽけ」とアンナが表現するこの仕掛けの矛盾は、本国《メトロポール》の白い肌の日常からは見えにくいが、黒い肌の混血の視点からはよりよく見えているだろう。

ローズはいったい何に抵抗したのかとアンナに聞くと、ラヴァル神父は法を定め、牢獄を建て、その法に違反した人々を牢獄に入れたと言う。ローズは牢獄に入れられたのかと聞くと、それは知らないがローズは木に縛り付けられたとアンナは言った。ローズはラヴァル神父が定めた戒律を破り、木に縛り付けられ、それでもまた法を破ったらしい。ローズが何の罪で罰せられたのかアンナは何も言わなかったが、ラヴァル神父の回想録とジャック・ギヨーの手記には、ローズが罪に問われたいくつかの事件についての記述がある。それは姦通罪だった。

これらの事件に移る前に、ジャックの妻が家にもち込んだ関係たちについて触れておこう。ジャックがモルック船長の船でガンビエを初めて訪れた一八三〇年、彼はマンガレヴァの東に位置するアウケナでンギティ一族の家に滞在しながら黒蝶貝を集めた。ジャックは一八三二年にこの島に戻り、この大家族の長だったマクラに潜水者たちを集めさせた時、彼の十四歳の長女トア・マ＝ンギティと出会った。翌年、ジャックは彼女との結婚を望んだが、マクラはそれを許さず、ジャックはリキテアに戻り、四つの部屋とテラスのある家の建設を始めた。床が完成する前にジャックはアウケナを訪れ、トア・マ＝ンギティは彼にガタヴァケに住む養母のマイアコの家に一緒に行くように言った。ジャックはこの島嶼のほとんど全ての人たちに養母がいることに気づき、大量死がその理由だろうと想像した。マイアコは年老いたシャーマンで、娘が来ることを予見していた。彼女は二人にカヴァ（カヴァの木の根から作った酩酊状態を生じさせる飲み物）を勧め、自分も飲むと憑依して彼女のものではない言葉を語った。ジャックは眠気に襲われ、幻覚の光の中で死んだ祖母とアニェスに会った。一八三四年にジャックはトア・マ＝ンギティと結婚し、マイアコも二人と一緒に暮らし始めた。一八三六年一月にアニェスが生まれた時、赤子を取り上げたのはこの養母だった（Guillou 2018: 93–135）。

このシャーマンについてジャックは次のように書いている。「マイアコは今では善いキリスト教徒なのだが、ずっと迷信深いまま私たちの家に住むようになった。彼女は腹話術の才能を捨てていたが、もろもろの偶像の精霊たちの世界に住みつづけ、ただそこにより強力な一人の神、天使たち、聖人たちが加わったに過ぎず、誰も彼女からそれらの古い信仰を取り上げることができなかったのだが、こんな考えを抱いていたのは彼女だけではなかった」（*ibid.*: 162）。マイアコの腹話術のテクニックについては知る由もないが、フィリップ・デスコラが記録した「ツマイ、ツマイ、ツマイ……」、「モイ、モイ、モイ……」とリフレインするアマゾン川上流域のエクアドルのアチュアルのシャーマンのパフォーマンスには、腹話術が使われていた（Descola 1993: 346–365）。このようなテクニックを、何かを隠すトリックだと考えたら、シャーマンたちが媒介する世界には接近できない。マイケル・タウシグの言い方を借りれば、シャーマンの模倣（ミメーシス）のテクニックは、「巧みな隠蔽の巧みな黙示」だ（Taussig 1998: 241）。そうやって人間の世界に繋がる精霊たち動物たち魚たち植物たち鳥たちのリアルな世界を人々に示す。その可能性が後退していったのだ。再びローズの話に戻ろう。

一八五九年四月。十六歳になろうとしていたローズは、若いテパノ・テアカロトゥとつづけていた性的な関係を誰にも隠そうとせず、それが伝道と啓蒙活動を損なう危険があったため、宣教会《ミシオン》は二人をすぐに結婚させる必要があった。ジャックは他方、二十三歳のアニェスを大切にしていて、彼女がティモテオ・プテオアと結婚することが耐えられなかった。姉妹は八月一八日に同時に結婚式を挙げた。その時、商人のピニョンは娘たちを学校に入れるためにタヒチに滞在中で、甥のデュピュイに雑貨店《マガザン》を任せていた。ローズはデュピュイと関係をもち、ラヴァル神父は大声を上げた。これは宗教と婚姻を冒涜し、新たな改宗者たちにとって忌まわしき前例となる、と。裁判の真似事が行われ、罪人たちは三ヶ月の禁錮刑を宣告された。三ヶ月後、ラヴァル神父の怒りは鎮まらず、二人は別の姦通罪で再度捕まった。ラヴァル神父を議長として「インディアンたち」を含む混合の委員会が組織され、ローズは新たに三ヶ月の禁錮刑、デュピュイは三ヶ月の禁錮刑の後、ガンビエからの追放を宣告された（Guillou 2018.: 248–252）。

一八六六年七月一二日。夜にアニェスが総督の小邸に入ってゆき、ローズがフェレプ伍長の草葺きの家に入ってゆくのを見たという噂が流れた。ラヴァル神父は目撃者たちの証言を詳細に記録した上で、この事件について姉妹の父と母に警告して彼女たちをよく監視することを勧告するためにギヨーの家を密かに訪れた（Laval 1968: 484）。

ジャックはこの訪問について次のように書いている。「私は感情を表に出さずに中傷を軽く受け流すふりをしたが、この優越者の専制的な野心から発する上品ぶった強迫観念と彼が私の家族を扱うやり方によって私は傷つけられた。私の娘たちは、確かに貞操のモデルとはならなかったし、賢い女たちでもなかった。しかしアニェスは三十二歳で、寡婦であり、彼女自身の主人だった。時にうわついて軽薄なローズの品行は、彼女の夫が見るところでは、そのような無謀さはさして重要なことではなかった」（Guillou 2018: 284）。

ラヴァル神父は一八六六年の暮れに軍隊のためのミサを行うことを拒否したため、兵舎は歓喜と煽情に包まれ、総督は彼の小邸でローズと過ごした。これはスキャンダルになった。宣教会《ミシオン》はあわててローズの夫を叱り、ローズが教会に立ち入ることを禁じ、彼女を破門すると脅した（*ibid.*: 286）。しかしローズの夫は彼女の不品行を重要な問題だと思わなかったから、懲罰に効果はなかっただろう。もしローズが三度の結婚をしていなかったら、テアカロトゥたちも、ママトゥイたちも、今のように繁栄していない。だが、ローズの抵抗はどのようにして政治的な力を帯びるのか？　ローズ・ギヨーは、マンガレヴァの二つの有力な親族集団であるテアカロトゥとママトゥイにまたがる母になった。ローズが媒介しなければ二つの集団は途絶えていたかもしれない。ローズの「抵抗」

は、神聖政治への反動を超えて、肯定的に働いたようにみえる。つまり、卓越した個の意識によってではなく、ローズの身体と感覚は、制度の禁止と限界を飛び越え、その間主体性において、入れ子を産みだしながら、島嶼の人々の生存に肯定的に働いたのだ。再び出発の時が迫っている。

V

遠くから島を振り返る

1　距離を保つ

二〇二二年一〇月二五日、私は七週間過ごしたガンビエからタヒチまで出てきて、アンナがもたせてくれたバナナを食べて眠った。私は喪失感につき纏われていた。それは前回感じたものとは異質で、遠ざかる動機を含んでいた。三月にタヒチまで戻ってきた時は、インターネットが普通に繋がる世界の中で、ガンビエで知り始めていた日常の感覚を失うまいとしたが、インターネットに接続した瞬間に小屋で書き綴ったフィールドノートが失われる事故が起きた。私はその後、多様な文献を読みながら、フィールドワークの中で重要だと感じた出来事と概念が交叉する、民族誌と概念が絡み合って乗り換えと相互の組み換えが起こりうる、固有でありながら普遍的な問題に関わることを記述していった。力能。権力。周縁。関係。パラドクス。

一回目の調査から戻った私は、フランスの書店とイギリスの書店とアメリカの大学図書館から文献を取り寄せて文献調査に力を注いだ。ジャック・ギヨーの手記とラヴァル神父の回想録とクララの父方の祖母のクララが「カララ」というマンガレヴァの名前で出てくるピーター・バックの民族誌は並行して読んだ（Guillou 2018; Laval 1968; Hiroa 1938）。私はガンビエの多くの人たちの祖先となるブルトン人の入植者、彼の娘を姦通罪で投獄したフランスからやって来た聖心会の神父、クララの祖母から歌を収集したアイルランド人の父とマオリ人の母の妹から生まれたニュージーランドの人類学者、彼らの目に映った、そして彼らの感覚に入り込んできた、ガンビエの生活世界の記述から、今では見えなくなった部分について知ることができると感じていた。これらの観点から綴られた出来事の記述は、クララやアンナが語った物語とも部分的に重なっていた。

時にうわついて軽薄なローズ・ギコーの抵抗は、どのようにして政治的な力を帯びるのか？　おそらく最も非政治的なやり方で。反動ではなく肯定的なやり方で。私は聖心会の神権政治による社会変容、核実験による社会変容、それに加え、ローズがカトリック宣教会《ミシオン》に対して繰り返した抵抗が、状況の中で突然始まるように見えたアンナの戦いを鼓舞するその性質にも関心を抱いていた。

滑り出しは上々だった。九月一一日に行われたトレイルのレースでは、私は多くのランナーたちが走った島の南半分の十七キロの小環《プティット・ブクル》ではなく、島の全ての尾根を通る三十六キロの大環《グランド・ブクル》を走り、マンガレヴァの全ての人たちに知られるようになった。人類学者になった元学生に宛てて九月一六日に書いた文章を引用する。

　こちらに来てからアンナがラヴァル神父のマンガレヴァの民族誌と回想録の両方とも読んでいたことを知り、驚きました。アンナによると、ラヴァル神父は祖父たちから聞いていた破壊と抑圧の出来事の数々を隠したり歪曲したりしているというのです。彼女は消された過去が知りたい。しかし宣教会《ミシオン》に反抗することは神への反抗だとして皆に怖れられ反対されてしまう。だから僕を受け入れたのだと理解しました。九月一一日にマンガレヴァの三十六キロ累積標高千八百メートルのトレイルのレースに出てきました。八月は全く走れないままポリネシアに来て、タヒチで三日間長めの緩いジョギングと山登りをしただけで六日にガンビエに来ました。当日は九時間台後半の遅いゴールでした。切り立った崖を登る時、ダフの山頂からロープで二百メートル下る時、モコトの山頂から下を見ると足が竦む斜面を下る時、生きて帰ること、完走することを優先しました。道のない海岸のパンダナスの間を走り、最後の坂を登り、聖堂を過ぎてゴールが近くなると、顔見知りや知らない人たちが声援してくれて、普段は経験しない感覚で走りました。表彰式が退屈で早々に抜け出した後、僕の名前が呼ばれて、最高齢の完走者として特別賞が与えられたと聞きました。自分がこの賞を取ったと思っていた五十七歳のフランス人に練習方法を聞かれ、来年モオレアで行われる四十五キロ累積標高二千二百メートルのレースに誘われました。フィールドワークの合間に出るつもりです。トレイルに来た人たちはすでに帰り、夕方に一人でジョギングをしていると皆の挨拶が以前よりも親しみが籠められていると感じます。フィールドワークの真骨頂だと思います。

島の人々との距離が縮まったように感じたのも束の間、私はアンナとの間に越え難い距離を感じるようになった。これ以上は近づけない。私は批判の距離《ディスタンス・クリティク》を保つ工夫をしていた。小屋のテラスに置かれたフォークリフトのパレットからアンナが作ったテーブルの上に、私は三冊の本を置いた。ニーチェの『反時代的考察』、イェイツの『詩選集と四つの脚本』、バックの『マンガレヴァの民族学』（ニーチェ 1993; Yeats 1996; Hiroa 1938）。私はそれらを少し読んでから一日の活動を始めた。朝早く出かけた時は、帰ってきてから読んだ。それらは何度でも読み返せる本だった。バックの民族誌には、読み飛ばしたくなるようなマンガレヴァの歌と伝承の数々が英語の対訳と共に収録されていたから、それは詩選集のようにも読めた。そこにはママクララの祖母のカララが歌った伝承がたくさん含まれていたから、届かない遠さと不思議な近さを感じながら私はそれを読んだ。反時代と反復。それが私の内的なリズムになっていた。

　三十年前、アルフレッド・ジェルはパプア・ニューギニアの高地に三冊の本をもって行ったと私たちに話したことがあった。レヴィ＝ストロースの『野生の思考』、メルロ＝ポンティの『知覚の現象学』、イェイツの詩集。森の狩猟の旅について行っても、長い豊穣儀礼に参加しても、彼の小屋にはフィールドノートとこの三冊があっただろう。近さと遠さ。人類学なのだ。

アンナは二日に一度ほどの間隔で料理を作ると「食事《マンジェ》！」と呼びに来た。時間は決まっていなかった。これから走りに行こうとしていた時に呼ばれることもあった。貨物船が来たある日、アンナが呼びに来た。大きなプラスチックのケースに入ったラクトアイスと、大きな袋に入った日本のカールのようなスナック菓子がダイニングテーブルの上に置いてあった。アンナは「船が来るとみな幸せ！」と両手と腰を振ったが、それは芝居じみた印象を私に与えた。楽しげな感じがないのだ。それは情熱を失った常套句に聞こえた。船が半年に一度やって来ていた頃の名残なのか。私はリキテアに貨物船が来ると見に行ったが、波止場では単調な荷物の積み下ろしの作業が行われているだけだった。アンナはコーヒー用の大きなボウルにラクトアイスをいっぱい入れ、トウモロコシのスナック菓子で掬い、こうやって食べろ、と言いながらどんどん食べた。同じようにして食べていたクララは、アンナが二杯目を食べるのを恨むような眼差しでじろりと見て、自分も少しだけだったが二杯目を食べた。アンナは食べ終えて、私は幸せ……と言った。夕方に走るつもりだった私は、同じことをするつもりは全くなかった。アンナはテレビを見ながら寝ていた。彼女は先日もマリー＝ローズの家で眠くなるまで食べたという。私は十二年前から左膝が変形性膝関節症のために痛み、体重をコントロールしながらテーピングをして走っていた。私の足は痛むが、どこでも走れることが幸せなのだ。

肥満のためにジッパーを半分しか上げられないデニムのショートパンツにプリーツの入った桃色

のキャミソールを着たアンナと二人だけで長々と話すことも、そんな格好をした彼女にどこかに連れて行かれることも、私はある時から避けるようになっていた。初めの頃はその纏いの選択の含意を知らなかった。ある時アンナは、タヒチで結婚した後にマンガレヴァに戻ってきてキャミソールを着て道を歩いたら、結婚した女はそんな格好をしてはいけない！と母に注意されたと言った。自分にとってはそれが自然だという。セクシュアリティについて人に指図されたくないとアンナが言った時、彼女の声は震えていた。

文化相対主義は多様性を尊重するが、私はこれを関係論的に捉え直した。ファッション用語で誘惑《セデュクシオン》と表現するアンナの纏い方と自分の現前がこうして関係していたことを知り、私は母家を避けて小屋で過ごすようになった。こんなことがつづき、私が帰る日が近づくと、アンナは何かと口実を作っては小屋のテラスに来てタバコを吸いながらおしゃべりをしたり、夜に突然やって来て昔の写真を見せてくれたり、私は何か言い忘れていた……私は何か言い忘れていた……と言いながら小屋に入って来た。出発の時が来て、私は連絡船から遠ざかる島を振り返った。

二日後、私は先に進むために、パレからアオライ山に登った。この山の上の方はフランス軍の管理下にある。青白赤の国旗を掲げた軍の施設を通り過ぎ、山道を登り始めてからまもなく一人のフランス人とすれ違った後、私は誰にも会わなかった。黙々と登ってゆくと、遥か下の方にマタヴァイ湾が見えた。標高千メートルを過ぎた辺りで雨が降ってきた。私は木の下で濡れながら雨宿りをしていたが、止みそうもないので再び登り始めた。淡々と進むことは容易に感じられたが、それは幻想だったと思う。私は標高千二百メートル付近で引き返した。知らない山で遭難するわけにはいかないから。私は危険がすうっと遠ざかるのを感じながら滑りやすい山道を下っていった。フランス軍の建物の外に手持ちぶさたの若いポリネシア人の兵士が二人いて、頂上まで行ったのか？と笑顔で聞いてきた。雨だったから途中で引き返したよと私は答えた。いつまでも若い！と二人はお世辞を言った。私もありきたりのお愛想を言ってそこを通り過ぎた。

「いつまでも若い《トゥジュール・ジュン》」というセリフは、オルネリアの口癖だった。それはいつも反語に聞こえた。本当のところは、生きている限り「いつでも可能《トゥジュール・ポシブル》」なのだと私は思う。だが、例外状態／非常事態が規則となった周縁の日常において、その可能性は削り取られている。ナチに支配されたユダヤ人たちにはその可能性がなかった。イスラエルに支配されたパレスチナ人たちにもその可能性はない。主権者の暴力が、この「いつでも可能《トゥジュール・ポシブル》」を不可能にしているのだ。

そこから先は舗装道路なので、私はポールを使って膝への衝撃を和らげながら坂道を駆け降りた。家が密集したパレまで戻って振り返ると、山の上の方は雲に覆われていた。一七六七年六月一八日にウォリスがドルフィン号から見た時のように。

2　沈黙させる賠償金はいらない

一月に初めて来た時は、知る人もいなかったから、私は何をどうしたら良いのか分からなかった。だからアンナに小屋に住んでもいいと言われた時、ここからマンガレヴァの社会的な関わり合いの中に入ってゆける、と私は幸運を感じた。二度目はすでに始まっている繋がりを辿れば、親しみ深い関わり合いの中で続きを紡いでゆけるはずだと思っていたが、半年の間にかなりの変化が起きて、関係のいくつかは途切れ、あるいは方向を変えていた。

テヘイとオルネリアは別れていた。二人はマンガレヴァで軽食堂《スナック》を開く、店の名前はヤスシ、寿司を出そう、などと楽しそうに話していたが、その可能性は消えた。私は日本から巻き寿司や卵焼きを作る道具や食材などをもってきたが、オルネリアは興味を失っていた。オルネリアは以前から太めだったが、九十キロあるというアンナよりも体がひとまわり大きくなっていた。彼女はタバコを吹かしながら新たに買った中古のスズキＳＷＩＦＴを乗り回し、週末は帰ってこないので話す機会がすっかり減った。

リキテア湾を見下ろすテラスで核実験について話を聞いた時、考えるから少し待ってくれ……と言うのでＩＣレコーダーをオフにしてインタヴューをつづけ、またいつか話を聞こうと思っていた元フランス軍人のイヴはいなくなっていた。イヴは妻の母の墓に嵌め込まれた遺影を破壊し、妻に暴力を振るい、彼女を匿った親族に暴力を振るい、飛行場のあるトテジェジで銃を撃ち、憲兵隊に逮捕されてタヒチに移送された。レオンと同じ年のイヴの妻は、フランス兵の子で中学校の教師をしていた。いつ頃だったのかは知らないが、彼女は父を探すためにフランスに行ったが、父はすでに死んでいたという。彼女の母は核実験の放射能のために癌で亡くなり、彼女自身も乳癌の治療を受けていた。私はこんな事情を何も知らず、フランス兵と島の女たちの間に生まれた父のいない子供たちを含む核実験のさまざまな影響について、最も記憶に残ることを話してくれとイヴに頼んだのだった。彼はそのことを考えていた。

レオンの父のアモは、四ヶ月前に脳梗塞で亡くなっていた。私は島の南の聖心会の女子の寄宿学校「ルル修道院」の廃墟の少し先にあるレオンのもう一つの家で、アモと少しだけ話をしたことがあった。その家の周囲は農園で、黒豚を飼育する小屋があり、広い敷地にはグレープフルーツやバナナが植えられていた。農園の中には石造りの家の廃墟があった。アモは毎朝サン・ミシェル聖堂の傍の家からモニカに送ってもらい、そこで一日を過ごした。レオンは月に一度やって来る貨物船がタヒチに戻る途中で寄港するトゥアモトゥのヘレヘレトゥエに、グレープフルーツとバナナとレモンを出荷していた。その丘の上の家から、マンガレヴァの南側の海とタラヴァイが見えた。マンガレヴァにやって来る船はそこを通るので、誰よりも先に船が来るのが見える。モニカがそう話していた。私はアモがモルロアの核実験場とハオの軍事施設で潜水夫として働いた頃の話を次の機会に聞こうと思っていたが、会話はそこで途切れてしまった。モニカは元気がなく、私には足の調子が悪いと言って顔を曇らせた。

十五歳になるポールの息子のエトゥアタイは、二〇二二年六月に中学を卒業して、タヒチのリセの電気工コースに進学した。十二歳になるオルネリアの息子のトゥル＝ランギは、中学の教育水準が低すぎるという理由で、翌年の六月にタヒチに戻ることになった。それを決めたのはアンナだった。アンナはマンガレヴァで生まれ育ったエトゥアタイがどれだけ勉強ができないか、タヒチで生まれ育ったトゥル＝ランギがどれだけ勉強ができるか、そんな比較をしながら、ガンビエの教育水準の低さを私に理解させようとした。社会上昇するためには、小学校の時からタヒチにいた方が良い。中央集権的で階層的なフランスの教育システムを前提とするその判断が私は気にかかった。だが、フランスの支配に抵抗するためには、あるいはフランスの支配を生き延びるためには、支配者の文化を身につけるのが良いと彼女は考えているのだろう。アンナのロールモデルはローズなのだから。アンナは体制に依存しながら、体制に飼い慣らされることに抵抗しているようにみえた。しかしそれは個にとって重要な小さな差異を追い求めるだけなのではないか？　都会が好きなオルネリアもタヒチに戻るという。

　ポールは政府の補助金で家を建てる。それは千二百万フランの耐津波構造の家で、受益者は百万フランを自己負担するだけだ。普段は人が住んでいない南隣の家も、テ・マプテオアの墓へ向かう坂の途中にあるジーノの家も、この補助金で建てた耐津波構造の家だった。手続きをするのはもちろんアンナだ。ポールが島の反対側のガタヴァケの土地に家を建てたら、ここに住むのはクララとアンナだけになるだろう。多様な関係が交叉していたママクララの家から、それぞれの関係の担い手たちがいなくなろうとしていた。

　九月一一日の朝七時前、トレイルの走者たちでごった返すサン・ミシェル聖堂の前でスタートの時を待っていると、アナ・テアカロトゥが、がんばれ！と声をかけてきた。アナはアンナより一つ下の五十三歳で（アンナは五十四歳になっていた）、一年前にタヒチから戻ってきた。彼女は島の反対側のガタヴァケに新しい家を建て、八十六歳になる父のダニエルと住んでいた。ダニエルは、核実験中にCEA（原子力庁）、より正確にはフランス軍とCEAの混成チームSMCB（生物学的監視混成業務）、に雇われて指標生物の採取をした。コンクリートの壁で囲まれた道路の向かいの家は、真珠の養殖場を営む兄の屋敷だ。アナはポリネシア政府の設備部門の事務官で、被ばく者たちがフランス政府に賠償金を請求するために必要な書類を準備する（百九十三回の核実験が行われたから）193というNGOでも活動していた。

ローズ・ギヨーが十六歳になろうとしていた時、スキャンダルを回避するために性的な関係をつづけていた男と結婚させられたことはすでに書いた通りだ。相手のテパノ・テアカロトゥはアナの祖先だ。核実験が始まった頃のマンガレヴァの首長もテパノ・テアカロトゥだ。彼はパパダニエルの兄だ。アナの家では彼女が子供の頃から馬を飼っていたというから、権威をもった家系に違いない。ローズには複数の愛人たちがいて、次に結婚したのがコテ・ママトゥイだった。テオフィル・ママトゥイは、その二人目の息子だから、彼の子孫たちはママトゥイたちの中では下位の系譜に位置づけられる。しかしアンナは、ローズ・ギヨーが最初に結婚したのはママトゥイで、次に結婚したのがテアカロトゥだ、と私には順序を逆にして説明した。テオフィル・ママトゥイの序列については何も言わなかった。彼女はこんな風にして話を誇張したり脚色したりする癖があった。ローズは四十九歳の時に二十歳下のマティアス・マテコロロと三度目の結婚をしたが、子供は生まれなかった。

サン・ミシェル聖堂の裏手に住むレオンの家族は、父のアモはオーストラル出身の中国人だったが、母のモニカはジャック・ギヨーの三番目の娘アンナの子孫だ。アンナは聖心会が運営した女子のための、というよりも我らのアンナが言うには、女子を宣教会《ミシオン》に奉仕させるための寄宿学校で学び、だからギヨーの三人の娘たちの中では最も知的だったという。アンナは知と権力の共犯関係を明らかに知っている。知と権力の関係を理解するために、フーコーを読んでいる必要がないことを、私は思い知らされた。

私が頻繁に訪ねたレオンの一家は敬虔なカトリックで、母のモニカと妹のリディは着飾ってミサと黙想会に出ていたし、トランスジェンダーの弟のダネはミサで聖歌の指揮をし、もう一人の弟のオリヴィエはギターで聖歌の伴奏をした。レオンは農場を経営し、トレイルを走ることが何よりも好きで、エア・タヒチの最古参の職員だった。フランス人のように見えるが肌が黒い兄弟がいるから混血だとアンナが教えてくれたインド洋のレユニオン出身のエリックは（アンナはレユニオンはカリブ海のグアドループの島だと思っていた）リディの夫で、真珠の仲買人をしていた。宝飾店《ビジュトゥリ》の経営はリディが行い、ダネは黒真珠と黒蝶貝を加工する職人で、ペッイと呼ばれるマンガレヴァの戦いの踊りの振り付けもした。タヒチ在住で時々やって来る妹のヴィオラは真珠装飾のデザイナーで、垢抜けした１９３の活動家だった。オリヴィエは丘の上のフランス気象局で設備管理を担当していた。亡くなったアモは核実験場で働いて得た金を家に入れ、モニカもエア・タヒチで働いたから、その上、多様な才能をもった子供たちがいたから、レオンの家は繁栄していた。

私は初めてガンビエに来た時、飛行機の中で１９３の野球帽とＴシャツを身につけて肥満した体で窮屈そうに座っていた男と話をした。彼はジェリー・グディング。１９３の元代表だった。彼はキリミロで真珠の養殖場を営む敬虔なカトリックだ。今の代表は彼の従兄で野球帽にＴシャツのオーギュスト神父。イヴの妻の兄だ。リキテアの村長は彼らの叔父だ。

１９３には同意できないところがある。いいところもあるが……。アンナはそう言った。１９３の主要なメンバーは、アンナよりも裕福で、ミサに出ていた。アンナはガンビエ最大の地主となった聖心会は土地泥棒だと言った。彼女は母方の祖父から、聖心会の神権政治が耐えられずに筏に乗って外洋に出て還らなかった親族の話や、タヒチにカトリック教会の聖堂を建設するための労役を拒んで牢獄で死んだ親族の話を聞いた。ラヴァル神父のマンガレヴァの民族誌と回想録は、この圧政と人々の苦しみについて沈黙していた。だから抑圧された者たちの伝承を聞かなければならない。

　アンナはフランス語が読み書きできた父方の祖父のことばかり不自然な語り口で話したが、彼女はこの祖父のことを知らない。だから私はアンナがほとんど話題にしない母方の祖先のある男が、聖心会の神権政治の抑圧から逃れるために筏に乗って外洋に出たという話が気にかかった。ガンビエでは戦争に負けた者たちが、外洋に出て行くことが知られていたからだ。アンナの母方の祖母は、決して教会に行かなかったという。その祖母はポリネシアの神に憑依した。アンナは身を寄せていた母方の親族から受け継いでいだそんな感覚について、ふと言及することがあった。しかしアンナは貧しい人たちが多い母方の親族を嫌っていた。彼女は古臭いポリネシアらしさが嫌いなのだ。それでも彼女はこの古臭い感覚を明らかに知っていた。ある日曜日の午後、私が山から戻ると、家の様子が少し変だった。近所の母方の親族の女がいて、一人でしゃべっていた。彼女は缶ビールを手にもち、ろれつが回らなかった。いつも饒舌なアンナが、それをじっと聞いていたのだ。アンナがカトリック宣教会《ミシオン》に反発する感覚は、ローズ・ギヨーからだけでなく、母方の親族からも受け継がれているのではないかと私は疑っていた。

早朝、私は下り坂で膝の痛みを堪えながらガタヴァケのアナの家を訪れ、癌で夭折した彼女の姉のことを聞くと、アナはフランス政府に賠償金を請求する書類を準備中だから話せないと言った。それは生きた人格を賠償制度に適合した書式で翻訳する弁証法だ。それは統治のテクノロジーだ。しかしアナは、姉の子供たちのために準備していた賠償請求に水をさすことはしたくなかったのだろう。アンナがこんなことを言っていた。五百万フラン貰って黙らされるなら、私はお金はいらない。

3　私が知らないパリ

アンナが五百万フランの賠償金を手にすることはないだろう。レオンの祖父は被ばくして脳腫瘍になり、エヴァサン（évacuation sanitaire／医療後送）でパリのピティエ＝サルペトリエール病院に運ばれて手術を受けた。その時に見つかった前立腺癌は手遅れで、祖父は一気に弱って亡くなったという。それは二〇〇九年のことだった。

レオンは祖父の付き添いでパリに行った。二人が宿泊したのは病院の前のホテルで、そこには世界中から治療に来た人たちがいた。アラブやアフリカの人たちがたくさんいた。食事はただ。夕食の時はカラフェに入った赤ワインかビールが三杯まで飲めた。旅費と宿泊費と治療費は全額がCPSによって支払われた。レセプションの若い娘と知り合いになり一緒にコーヒーを飲んだ、とレオンは嬉しそうに話した。パリに住むタヒチ人協会の人たちが、治療を受けに来たポリネシア人のためにあれこれ世話をしてくれた。タヒチ人たちは、フランス人たちとは違っていつも笑っていた。レオンはバイクを借りてパリの中心を見に行ったことがあった。三ヶ月後に帰る時、タヒチ人協会の人たちが空港まで見送りに来て、全員が泣いた。レオンは絶対に泣かないと決意していたが、泣かずにいるのが難しかった。祖父は船でガンビエまで戻って来たが、マンガレヴァに上陸する前に亡くなったという。

レオンが当時のことを思い出しながら、楽しげに話すパリは、私が知らないパリだった。私は彼の話を聞きながら、目の前で話しているレオンを遠くに感じている自分に気づいていた。レオンと私に共通するのは、ガリマール書店のあるパリではなく、フランス領ポリネシアなのだ。私が知っているパリは、ピティエ＝サルペトリエール病院とパリのタヒチ人たちの世界ではなかった。私はフランスの植民地に全く関心をもたない森有正の思索を追うことに嫌気がさしてから、彼が書いたものは読まなくなっていた。しかし機会があれば、ソルボンヌにシンポジウムを聞きに行ったり、INALCO（東洋言語文化学院）で研究発表をしたり、書店で本を探したりと、知識人のまね事をつづけていた。この気づきと関係があるのかもしれない。私はゴーギャンの絶望や、彼が描いた神秘的で奇妙なポリネシアの女たちや神々への関心をすっかり失った。その心離れが始まったのは、一九八四年の秋、パリ経由でモザンビークへ向かった時だった。私はそうやって周縁の周縁に出かけてフィールドワークをつづけるが、高級紙に分類されるル・モンド、ガーディアン、ニューヨーク・タイムズを読んでいる。支配者の文化を身につける努力を惜しまないアンナとどこが違うのか？

私はメトロポリスたちのニュースを飛ばし読みする。グローバルに影響のある時事は気に留めるが深入りはしない。時にこれらの紙面に拾われた周縁の声たちの小さな断片の前に私は立ち止まり、その先につづくそれぞれの現実を想像する。私は関連した複数の証言に耳を傾け、関係しそうな文献を読み漁るが、そのうち限界を感じて中断する。あるいは放棄する。あるいは自分で探すために出て行く。その先で見知らぬ人たちに助けられる。この距離感。遠さの中の近さ／近さの中の遠さは避けようがない。人類学をしているのだから。よく知るためにはその渦の中にいることが必要で、よく考えるためにはそこから離れることが必要だ。「その対象が重要であればあるほど、反省は切り離されていなければならない」(Benjamin 1998: 29)。知の対象はそうして意識によって所有される。

距離のことを考えていたら話が逸れてしまった。アナは二〇〇九年にオーギュスト神父がフランス政府に対して謝罪と賠償金を要求しようと話すのを聞いて、それから核実験について話すことがタブーではなくなったという。二〇一三年にアナの姉が亡くなり、その翌年から193が活動を始めた。レオンの母のモニカは、甲状腺癌の手術を受け、賠償金を請求する書類を揃えて三百万フランが認定されたが、エヴァサンの費用として二百万フランが賠償金から差し引かれた。甲状腺癌の手術をしたモニカでさえ百万フランしか受け取っていない。

　アンナは甲状腺異常の薬を処方されていたが、十年間その薬を飲んでいないという。彼女はことごとく反抗する。ピーター・バックは、マンガレヴァの歌を教えてくれたインフォーマントのカラの肖像画を描いた。そのモデルの首は腫れていた。だからクララ、アンナ、リタの三代の甲状腺異常は遺伝的なものと断定された。アンナが言うには、質問の中に罠が仕掛けてあった。賠償金を貰うために質問に答えてクララの祖母の首の腫瘍について話したら、それを根拠に遺伝性の異常だと断定されてしまった。それはチャックがマキネイションと呼んだ、たくらみ／仕掛け／機械の働きだ。アンナが賠償金を得ることはないだろう。だが、この譬え話を劇的に話すことによって、アンナは賠償金を介して沈黙させる主権権力の本性を彼女なりに問題にしたのだ。それだけではない。ガンビエの人々は、マラエを破壊され、神々の像を破壊され、イレズミのモチーフと歌と踊りを失い、学校ではマンガレヴァ語が禁止された。核実験が行われる前に始まった至高性／主権と人格性の変容が問題なのだ。こうしてガンビエの人たちは自分たちが何者か分からなくなっている。アンナはそう考えていた。

　アンナは聖心会が破壊する以前の文化の記録がカトリック教会にあるはずだと考えてアーカイヴに入ろうとしたことがあったが、閲覧は許可されなかった。だからアンナは二〇〇二年から二〇〇三年の始めにかけてガンビエでフィールドワークをしたアメリカの言語人類学者のアレクサンダー・メイヤーに調査を手伝うと申し出て、タヒチのカトリック教会のアーカイヴに一緒に入って資料の写真を撮らせようとした。しかしこの人類学者は時間がないと言ってアンナの試みに協力してくれなかった。

歳月が流れ、エア・タヒチで働くポールが割引の航空券を購入できたので、アンナはトランスジェンダーの男の友人とポールとオルネリアとテヘイとハワイに旅行した。テヘイはニクウドンが美味しかったので毎日ニクウドンを食べたと思い出を話していたが、アンナは昔ピーター・バックが館長をしていたビショップ博物館を一人で訪れ、アーカイヴでポリネシアの民族資料を見た。アンナは英語が解らないので何も理解できなかったが、父が去った後に身を寄せた母方の祖父母の写真がトゥアモトゥの部門にあるのを見つけた。博物館はトゥアモトゥとガンビエの違いを知らないことが解った。アンナは帰る前にハワイで安い衣類をたくさん買い、それをタヒチで売って旅費の足しにした。二〇二二年に三人目の人類学者が現れた。アンナは明らかに私と私の仕事に興味を抱いていた。

アンナの話は、身振りと表情がドラマチックで、語りもそれに合わせて誇張された。ぎょろりと見開いた両目、強い言葉を繰り出しながら変形する口、たくさんの脂肪をつけた後で少し萎びた肉体がドラマを演じ、話し終えるとタバコを吸った。うぉっはっはっはっと低い声で笑うこともあった。アンナは戦士《ゲリエール》だ。ママクララの家を初めて訪れた時、一緒に行ったマルティヌがそう言った。

オルネリアの中古のＳＷＩＦＴを、アンナは小道具として使うようになっていた。ぼろのＧＯＮＯＷでは務まらないらしい。オルネリアは朝早く仕事に出かけたので、昼間にＳＷＩＦＴが止まっているのは、アンナがこれをどこかで使う徴だった。よそ行きのドレスを着たアンナが車から出てきた。役場に行って村長に会ってきたという。全ての手続きがそれぞれの書類にサインを貰う必要があり、おとなしく待っていたら何も進まないから役場に行ってきた。村長はアンナの要求にたじたじとなって頭を掻いたそうだ。

アンナは料理が嫌いで二日に一度くらいしか作らない。タヒチに住んでいた頃は、中国人の夫が食事の準備をしたので、料理を作る必要がなかった。マンガレヴァの家では、食事が作られない間は、カフェやスープやオルネリアがもち帰る売れ残りなどを食べて過ごした。カフェとは、ネスカフェとたっぷりの砂糖をお湯で溶かしたカフェボウルの中に、オーストラリア産の大きなクラッカーを十枚ほど砕いて入れて、それにフランス産のバターを溶かしてスプーンで食べる。スープはインスタントラーメン。三十個入りの卵が買ってある時は、トゥル＝ランギは卵を六個フライパンで焼いてケチャップをたっぷりかけてカフェと食べた。ニュージーランド産のチーズや、オランダ産の豚の肝臓のパテがある時は、それを一緒に食べた。アンナは食べる量を減らし、突然レタスだけ食べたり、唐突に太っているのが美しいと言った。昼は近所の軽食堂《スナック》で大量のフライドポテトと肉を挟んで砂糖入りのマヨネーズソースをたっぷりかけた軽食《カスクルト》と呼ばれるバゲットの巨大なサンドイッチか、歩いて五分ほどのところにあるナターシャの軽食堂《スナック》でランチのパックを私が買ってくることが多かった。

アンナが役場から戻ってきた時、家にいたのはクララと私の三人だったので、私はナターシャの店に昼食を買いに行き、他に選択肢がなかったから「スリミのグラタン」を三つ二千百フランで買った。それはとてもまずかった。アンナは味見をして、これはスリミ（カニかまぼこ）と古いパンだけで作っていると言った。

少し経ってからアンナが小屋のテラスに来て、しわくちゃの千フラン札を二枚テーブルの上に投げてよこし、後からコップに入れた人工的な味のジュースをもって来た。アンナは得意げだった。彼女はナターシャの店に行って、お前はスリミと古いパンでグラタンを作るのか？私の日本人は犬に食わせるためにグラタンを三つ買ったのか？と文句をつけた。するとナターシャが二千フランとジュースを差し出したらしい。アンナはよそ行きの服を着て、オルネリアのＳＷＩＦＴで乗りつけ、昼時でテーブル席にも店の前にもたくさんの人がいる前で、ドラマを演じてきたのだ。多様な人々と知り合いになり、彼らや彼女らが歩んだそれぞれの道から何がどう見えたのかを知りたい私にとって、アンナが私のことを「私の日本人」と呼んで人々の前で立ち回るのは居心地が悪かった。中立は無理だとしても、私は誰かの人類学者ではない。

毎週日曜日の朝十時にミサから戻ってくるレオンと妹のリディ、登るルートによって顔ぶれが変わるマンガレヴァの人たちと私は五―六時間かけて山に登ったり、尾根を歩いたり、時にはトレイルを走ったりした。木曜日の朝六時にはレオンとサン・ミシェル聖堂で待ち合わせして、毎回ルートを変えながら二―三時間ほど道路とトレイルを走った。それに週に何度か夕方に道路や尾根を一人で走った。こうして私はマンガレヴァの隅々まで自分の足で歩き、あるいは走り、地図に頼らず、移動する自分の身体が知覚する移りゆく場所の感覚を染み込ませ、自律性を保とうとした。それは同じ家に住む人たちが知らない世界だった。しかしアンナは自分も子供の頃は山道を歩いたと言った。

私がレオンの他に頼りにしたのはアナだった。彼女はさっぱりとした人で、太ももや肩や腹を見せたりせず、乱れた髪を下ろしてタバコを吸うこともなかった。それにアンナが全く話題にしない人たちを知っていて、誰に話を聞いたらいいのか教えてくれた。こうして私はローズ・ギヨーの子孫のアンナとアナ、それにアンナ・ギヨーの子孫のレオンに助けられながら、マンガレヴァの今についてポリネシアとフランスの非対称的な交叉について学んでいった。

4　王のように振る舞う泥棒のルール

二〇二二年一〇月一三日、木曜日。私は朝六時にレオンと聖堂から走り始め、近くの雑貨店《マガザン》にいたジュリアーノたちと挨拶を交わして北に向かった。一キロ先のオルネリアが働く軽食堂《スナック》の前から山に入り、ラグーンを見渡す尾根に出ると、高等弁務官《オー・コミセール》が軍用機で来るとレオンが言った。彼は休みでポールが給油作業をするらしい。私たちは北に延びる坂を下り、薄暗いパンダナスの茂みを通り抜けてキリミロに出た。そこから海岸線を西に向かい、ガタヴァケ湾に沿って走り、その西のアティアオアから山に登った。山に入るとレオンは早い。私たちは剥き出しのモコト山に登り、九時過ぎに帰ってきた。

その高官の訪問のことをアンナに聞くと、選挙があるから（フランス領ポリネシアの）大統領《プレジダン》が来るんだろうと言った。翌日の早朝、小屋のテラスからラグーンの向こうの飛行場の建物の隣にその軍用機のシルエットが小さく見えた。しばらくして連絡船がポリネシアとフランスの国旗を掲げて出て行き、気がつくと機影は消えていた。

一五日の夜のニュースを見て、私は一三日に高等弁務官が島に来て、夜に核実験の放射線の危険性について説明する会合が役場で開かれていたことを知った。１９３のグディングが、被ばくした被害者《ヴィクティム》たちの死と突然変異の継世代的な《トランスジェネラシオネル》（遺伝的）伝達《トランスミシオン》について意見を言い、白い制服姿の高等弁務官も同じ用語を使って答えていた。彼はインタヴューで、「ナガザキとヒロシマの何百人もの、百万人よりは少ない、被害者たちの研究があって、例えばそれによると、継世代的な伝達は証明されていない」と言った。このネットワークの上では皆が同じ用語を使って話す。グローバルな支配の用語法は責任を小さくしようとし、グローバルな連帯の用語法は権利を拡張しようとする。フランスと日本の国家装置はここでも連結していた。

翌朝早く、アナの家に話を聞きに行くと、私は遅れて行ったけれど、高等弁務官が来て核実験の影響について話した会合にあなたが来なかったのはとても残念！と彼女は言った。私は前夜のニュースを見るまで知らなかったのだ。アンナはこのネットワークから外れていた。居候の私もそうだ。アンナが付き合わない人たちともっと話さなければ、と私は強く感じた。

だが、アンナの問いの立て方には、人類学的な考察に欠かせない、当世の良識の前提条件を問い直す力があった。共和政は非宗教《ライシテ》だが、マジョリティはカトリックだ。カトリック教会は絶対王政を支え、付属の教育機関を含め、古き良き時代の良識の源泉だ。193の主要なメンバーたちは神父を含むカトリック教徒だし、フランスにも支持者たちがいた。ところがアンナはカトリックの宣教会《ミシオン》は土地泥棒だと言って憚らない。彼女によれば、レオンは農場を広げるために宣教会《ミシオン》から土地を買い、生産者組合を作って助成金を貰っていた。そうやって関与している、とアンナは言っているようだった。

アンナによれば、王のように振る舞う泥棒がルールを作った。それは一九七六年一月一四日にフーコーが、我々の社会では権力と法と真理の三角形が働き、法の手続きが支配と従属を作り出す、と話した問題と関連している（Foucault 1997: 21–25）。それ以上に重要なのは、王のように振る舞った泥棒の決定に法が依拠していたこと、その暴力の例外性にアンナが気づいていたことだ。ニーチェの言葉を借りると、その問いは反時代的な（unzeitgemässe／反適時の）考察へと開かれている（ニーチェ 1993）。しかしアンナは真理を追い求めている訳ではない。彼女には、泥棒のルールの欺瞞を断罪する根源的なところと、勉強をせずに漁師になった隣の若者を見下す俗っぽいところが入り混じっている。

私は二〇二二年一二月一三日に「被爆二世の国賠請求棄却」という見出しの新聞記事を読んだ。前日に長崎地方裁判所で判決があり、国が被爆者二世に対して援護対策を取らなかったことは違憲だと訴えた国家賠償請求が棄却された。判決は放射能の二世への影響は知見が確立しておらず「可能性を否定できないというにとどまる」とした（朝日新聞 2022. 12. 13）。これは「証明されていない」と話したポリネシアに派遣されたフランスの高等弁務官の言い方と全く同じだ。広島と長崎でも、チェルノービリでも、放射線で損傷した（体細胞ではなく）生殖細胞の継世代的な影響は証明されていない。放射能の影響の可能性は否定できないが、それが次世代の死や病の原因だと証明することはできない。他の諸因子が介在しているからだ（振津 2007）。

友人が送ってくれた長崎新聞の記事によると、原告の一人は白血病で弟を亡くした。〔…〕野口さんの母親は二十歳の時、爆心地から約五キロの同市戸町で被爆。二年後に長男の野口さんが生まれた。〔…〕一九八四年、末っ子の末晴さんが突然「耳や鼻から血が出る。体に斑点が出る」と訴えた。血液検査で急性白血病と判明。急激に症状が悪化し、末晴さんは間もなく亡くなった〔…〕（長崎新聞 2022.12.13）。

セラフィールドの再処理工場の周囲で発生した小児白血病も、ラ・アーグの再処理工場の周囲で発生した小児白血病も、再処理工場で被ばくした父の生殖細胞の突然変異が子に伝達されたことは証明されなかった。可能性は否定できないが、証明はできない、だから認定されない。それが現行のルールだ。因果関係が疑われても、それは疑いでしかないとか、それは予測できなかった、と言えば逃げ切れる制度なのだ。だからその先は、科学の問題ではなく、政治の問題だ。

一〇月二〇日、私はドロテアに会いに行った。アナにドロテアに話を聞いたらいいと言われていたし、前回マンガレヴァを訪れた時に会おうとして会えなかったのだ。ドロテアはカノピュスの母として知られていた。二〇二二年一月六日、日曜日。私はレオン、弟のダネ、妹のリディ、トゥアモトゥ出身で中学校の教師をしているエレンと山を歩いた。その前日の土曜日の便でカノピュスの父の遺体とカノピュスの母が島に帰ってきて、その日はカノピュスの父が埋葬されると皆が話していた。カノピュスの母は次の土曜日の便でタヒチに帰ってしまったので、会うことができなかった。

ドロテア・ママトゥイ（七八）は、ナターシャの店の裏手に住んでいた。よく手入れされた広い敷地には、バナナが植えられ、その間を鶏が走り回り、タロイモが育つ湿地があった。私はドロテアとタヒチで看護師として働いた娘のマリア（五八）から話を聞いた。外の畑ではマリアが連れてきた細身の夫が働いていた。一九六八年八月二四日の朝、フランスはモルロアの四十キロ南のファンガタウファで最初の水爆実験カノピュスを行った。その日、ドロテアはブロックハウスで男の子を産み、兵士たちに言われるままに、カノピュスと名づけた。カノピュスの誕生はシャンパンで祝われたという。

マリアは子供の頃に二人の兄弟が死に、髪の毛が抜ける子供たちを見た。犬が死に、ネズミがよろめき、鳥が死に、豚が死に、魚が大量に浮かび、シャコ貝が死に、シガテラが何度か流行するのを経験して、次は自分が死ぬのかと思うと恐ろしかった。同年代の五十代には癌で早死にした人たちが多い。ドロテアがあの頃は流産が多かったと言った。ドロテアの夫のルイは、一九六四年から一九六七年までＣＥＰの雑役をして働き、稼いだ金で砂糖や小麦粉を買った。彼は一九七三年に

CEAに雇われ、（ポワント・ヴェニュスがある）マヒナで一年間勤務した後、一九七四年から二十一年間モルロアの核実験場で働いた。マリアによると、核実験場での危険についてパパに聞くと、友人たちと魚を釣ったなどとはぐらかした。父の同僚の中には白血病で死んだ人たちが何人もいたが、被ばくと病気は秘密だった。た。マリアは、私たちはフランスが進歩するための実験室のモルモットだっと言って笑った。ドロテアのところに行ったと話すと、アンナは、途中に犬がいるから行ったことがないと言った。

5　核実験場のリゾート

昔のことをよく知っている人たちだと教えられた名前を頼りに、私は八十代から話を聞き始め、次に七十代、その次は六十代の人々、それに加えて一九六六年に二歳だったマリアから聞いた話によると、最初の核実験の後、ラグーンでは死んだ魚がどこまでも浮かんでいた。シャコ貝もクモ貝も子安貝も死に、海鳥が死に、鶏や豚や犬が死んだ。子供たちの皮膚はただれ、髪の毛が抜け、下痢をした。妊娠した女たちの流産が増え、奇形児が生まれた。核爆弾は怖かった。CEAやCEPに雇われた男たちは、秘密を話して軍事裁判にかけられることを恐れた。フランス軍はマンガレヴァの野菜を買うのを止め、タクの部隊は一九六七年にトテジェジに移動し、そこに軍医のいる診療所ができた。兵士たちは金曜日の午後から日曜日まで娯楽を求めてリキテアにやって来た……。

一九六九年生まれのアナの表現を借りると、聖堂の鐘が「ディーン、ディーン……」と打ち鳴らされ、五百人ほどの島民たちはブロックハウスに入った。病人や家畜の世話のためにブロックハウスに来ない人たちがいた。地面が揺れ、建物が振動し、遅れて轟音が聞こえた。マリアは窓から外を覗いた。ブロックハウスの中では、ビスケット、牛肉やイワシの缶詰、チョコレートなどの美味しいものが配られ、映画が上映され、スポーツが楽しまれ、兵士と娘たちがダンスを踊った。ある時、クララの話を一緒に聞いていたマリー＝ローズは、「それが文明？」と言った。マリー＝ローズは小学校しか出ていないが、私は彼女の問いの再帰性に驚くことがあった。それは簡素で深遠な問いであり、進歩の名において、言われたことをやるだけの人たちが、口にしない類の疑問だった。

二〇二二年に一九六六年前後のことを聞くと、人々の証言の中で出来事の継起が混濁し、パワフルな言説の影響によって複数の証言の信憑性が疑問視されることがあった。リキテアのブロックハウスと一九六二年にフランス兵が来たという証言について取り上げよう。

ママクララにブロックハウスのことを聞いた時、彼女はタクのブロックハウスに入ったと話した。彼女は一九六六年にタクのフランス軍の基地で下働きをしていたからそうなのかと思い、クララに聞いてみると、タクのブロックハウスにたくさんのマンガレヴァの人たちが入ったという。核実験の初期の頃にはまだ生まれていなかったアナや、幼かったマリアの証言では、リキテアのブロックハウスに皆で入ったという話になった。私はタクのブロックハウスが先にできて、リキテアのブロックハウスは後になってできたと思っていたが、それを確かめるために人々に話を聞くと、リキテアのブロックハウスは最初からあったと断言する人が出てきた。ところがリキテアに島民用のブロックハウスが完成したのは一九六八年二月のことだった。

フランス兵がマンガレヴァに来たのは一九六三年だったと言う人たちの他に、兵士たちは一九六二年に来たと証言した人たちがいた。タヒチでそのことをブリュノ・サウラに話すと、ド・ゴールがCEPの設立について演説したのは一九六三年だったから、それ以前にフランス兵が来たはずがないと彼は言った。後述するように、私は引退した医者のブリュノ・シュミットが一九六二年から一九六四年までCEPの母体であるCEAに雇われてガンビエで指標生物の採取をしたと聞き、フランス兵は一九六二年から来ていたと確信した。それは秘密の活動だったに違いない。ブリュノはCEAの仕事をしながら、診療所の看護師として勤務していたのだ。彼と同じ年にリキテアの小学校に赴任してきた教師のジャクリーヌ・ゴラズが、タヒチから来た看護師のブリュノ・シュミットは一九六四年の初めに島を去ったと証言していた（Barrillot 2013: 3）。

一九六四年頃から島の男たちは波止場や基地などの工事現場で仕事がある時だけ労働者として雇われた。そしてほとんど手にすることがなかった現金を手に入れた。異なる季節に異なる場所を移動しながら行っていたコーヒーの栽培、コプラの生産、暖かい季節に決められた海域を順番に移動して潜水する黒蝶貝の採取はやらなくなった。皆で魚を分け合って食べる慣行もなくなった。この社会性の変化は、皆が繰り返して話したから、大きな社会変動として記憶されているに違いない。パンノキの実とマニオクとタロはもう食べない。酒の醸造が禁じられ、ビールを買うようになっていた。その変化は急激だったが、多幸は短かった。

一九七一年にはCEPの仕事はすでに減り始めていたらしい。数年前にリキテアに戻ってきて近所に住むタヒチ生まれのカトリン・ママトゥイ（八二）は、一九七一年に仕事がなくなり、夫のロランと共に仕事を求めてタヒチのパレに移住したという（パレは一九六五年にピレ市になっていた）。ロランはピレの市役所に就職し、カトリンは小学校の教員になった。ピレの初代の市長は、核実験を推進して後に大統領になるマンガレヴァ出身のガストン・フロスだった。彼の父は黒蝶貝を求めてアルザスからやって来たガストン・フロス。母はローズ・ギヨーの孫娘のクレール・ママトゥイだ。同じパターンが繰り返し、やり慣れた手順や通い慣れた道ができてくる。ロランとカトリンは、ガストン・フロスを頼ってピレに移住したに違いない。カトリンはCEPがもたらした良いことだけを私に話した。彼女たちは、核実験のおかげで裕福になった人たちだった。アナはカトリンとは接点がないだろう。アナが私に会うように勧めたのは、ドロテア・ママトゥイとブリュノ・ジュミットだった。

ドロテアは、ポリネシア風の草葺の家の前に女たちが並ぶ黴の斑点がついた記念写真を見せてくれた。若いドロテアが最前列の左にしゃがんで微笑んでいる。そこはモルロアの東端のアネモネにあったCEAのリゾート施設だ。その奥にはレストラン・アネモネがあった。モルロアでは数千人の男たちが活動しており、この写真は、核実験場で働いたポリネシアの男たちの妻たちが招待された時に撮影された。彼女たちはよそ行きのドレスを着て、島では見かけない洒落たバッグをもち、気取って靴を履いている。彼女たちがフランス人のようにヴァカンスすることは、核実験によって可能になった。そこは核実験場だった。

「カノピュス、一九六八年八月二四日、ファンガタウファ上空の熱核爆弾」。ドロテアは一葉の雑誌記事をテーブルの上に置いた。枠の中に三枚の写真が配置されている。中央にキノコ雲。左下に生まれて数日後のカノピュスを抱くドロテアと硬い表情のルイ。右下に一九七三年八月にカノピュスを抱いて微笑むフランスの軍事大臣ロベール・ガレー。ガレーは一九五五年からマルクールのCEAのプルトニウム生産炉の責任者だった（cf. 内山田 2019: 67）。彼は一九五八年から一九六六年までガボンのムナナで生産されたウランを濃縮したピエールラットのCEAのウラン濃縮工場で研究の責任者をしていた（cf. 内山田 2021a: 223）。それまで建設現場の仕事がある時だけ働いていたルイは、一九七三年にCEAに直接雇用され、一九七四年に「カノピュスの父」としてモルロアに向かった。CEAの糸に結ばれた多様な関係の端が少しだけ見えている。

レオンによると、マンガレヴァの人たちは大量のビールを飲む。オルネリアもポールも大酒飲みらしい。クララも昔は仕事が終わるとビールを飲んでいたが、家ではアンナがアルコールを飲むことに否定的な圧力をかけていた。だからある週末にアンナの父の弟の息子の（もう一人の）テオフィルが結婚式の相談のために家に来た時、彼はTシャツの下にヒナノのロング缶を隠して遠慮がちにちびちびと飲んでいた。この家の禁酒のモラリティは、核実験場で稼いだ金を全て酒で使い果たして死んだ父に対するアンナの否定的な評価と関係がありそうだった。

二〇二二年九月二〇日の朝、アンナは白内障の手術を受けるべきかどうかのセカンドオピニオンを聞くためにタヒチに発った。前回アンナがフランス人の研修医が診る無料の総合病院ではなく、経験のある医者がいて三割負担が原則の私立のクリニックでクララを診察させた際、CPSと交渉して二人分の旅費とクリニックの医療費の全額を払わせた。アンナはその機会にマヒナの家で末娘の誕生日を祝い、息子の妻の出産に立ち合い、その他の用事を済ませていた。今回も複数の用事を片付けるに違いない。その朝に書いたフィールドノートから引用する。

昨日の夜、アンナが小屋に旅行にもって行く衣類を取りに来て、小屋のテラスでしゃべっていった。彼女のパパは、一九六五年にフランス軍が来た頃から基地で働き始め、最初の給料は百五ドルだった。フランス軍は最初はタクに駐留して、クララも掃除婦として雇われた。フランス軍がトテジェジに基地を移動させるとクララは働くのを止め、パパは一九八〇年（一九七四年？）にフランス軍が去るまでトテジェジで働き、その年からモルロアで働くようになった。〔…〕パパは家族のことを全く忘れて、養育費を送ってこなかった。パパは一九九八年に退職して、半年間で千五百万フランを使い果たし、一緒に住んでいた女もパパから去り、六年前に死んだ。最後の四年間は寝たきりだった。家も買わず、車も買わず、バーとディスコテックで金を使い果たした。マリー＝ローズもポールもパパに対して怒っている。しかし私はパパがタヒチで酒を飲んで金を使い果たして死んだことは家族にとって良かったと思うとマリー＝ローズとポールには話した。もしパパが家族と住んでいたら、パパは酒を飲むだけで家族は生活できなくなっていただろう。だからパパがいなくなったのは良いことだったと私は思う〔…〕。

アンナは父方の祖父が残した土地を、ポリネシア政府に接収されることを避けながら、最大限に相続しようとしていた。だから家族を捨てた父が母と離婚しなかったことが重要だった。アンナは結婚して姓が変わっていたが、母が父親から相続したマウル＝ロアパモア家の家に移り住み、そこでママトゥイ姓を名乗った。娘たちには結婚したら配偶者にも相続権が与えられるから、同棲して子供を産んでもいいが、結婚してはいけないと言っていた。

人々は金曜日の午後には酒を飲み始める。クララの親族が多く住む近所では、週末になると酔った男たちが殴り合った。地面に倒れていた女が立ち上がると酒臭かった。アンナはそんな母方の親族を軽蔑していた。彼らは月曜日の早朝から働き、金曜日の午後から日曜日まで酒浸りになり、お金を貯めることも、子供に教育を受けさせることもしない。トゥル＝ランギの初聖体拝領を祝うパーティーが開かれた夜、アンナはママトゥイたちの中から戦略的に招待し、母方の親族は呼ばなかった。そこは母方の祖父の家で、大酒飲みだったのは父なのに。

6　素晴らしさを媒介する巨大な仕掛け

二〇二二年九月二三日の朝七時半に私は聖堂の前でレオンと会った。金曜日にクルーズ船が来るので、観光客たちと山に登ろうと誘われたのだ。ガンビエはタヒチから遠く、クルーズ船が来ることは珍しい。聖堂の庭にテントが設営され、手分けして調理してきた試食用のポリネシア風の料理が次々と並べられた。それはリゾートの観光客のためにアレンジされたキッチュの類で、ママクララの家でそんな小洒落た料理は見たことがなかった。後から思い返すと、クルーズ船から指示が出ていたのだと思う。

腰蓑と葉の冠を纏った小柄で痩せた若者がテントに立ち寄り、女たちが王様みたいと褒めた。王様みたい《コム・アン・ロワ》。二月上旬、クララはエトゥアタイが中学最後の行事で歌って踊る衣装を作るために古い手回しミシンを出した。家のカーテンやベッドカヴァーと同じ布地でアロハシャツを作り、手で編んだ葉の王冠の中央に磨いた黒蝶貝をつけた。単純な腰蓑はアンナが担当した。ガラの前夜、クララは孫に衣装を纏わせて、王様みたいと言った。エトゥアタイは恥ずかしそうに笑った。そんな褒め言葉だ。実際の王の子供たちはダフ山中の特別な住まいに隔離して育てられたから、息子も娘も並外れて太っていた（美しかった）。その身体イメージは失われている。彼は波止場でペッイを踊るという。

聖堂の手前にもテントが設置され、ガタヴァケの西のアティアオアに住むアンナの従妹のルトゥが黒蝶貝と黒真珠の装飾品を並べていた。メイレガテイポの夫のサンドロはペンチで針金細工を作っていた。彼はクルーズ船が来るファカラヴァの出身だから慣れているのだろう。傍らで太った若い男が電動彫刻機で黒蝶貝に模様を入れていた。彫刻の実演をするのだ。名入れもするという。波止場にも土産物のテントが設営され、戦いの踊りを踊るダンサーたちが来ていた。しかしクルーズ船は来なかった。この海に不慣れな船長が環礁の間の水路を見つけられず、マンガレヴァの南を通過して西に行ってしまったらしい。

午後二時頃、十艘のゴムボートに分乗した観光客が一艘また一艘と島の南からリキテアに近づき上陸した。波止場の前の家はにわかレストランとなり、庭にテーブルが置かれ、メニューを書いた看板が出されたが、観光客は時間がなく、素通りしてサン・ミシェル聖堂の方へぞろぞろと歩いた。十人ほどがダフ山に登るという。ガタヴァケの登山口で待っていると無線機を手にした添乗員のアメリカ人の女が、ローカルガイドは何人いるかと聞いた。誰かが四人と答えたが、私を見て五人と訂正した。私はガイドではないと言ったが、添乗員の女は、あなたはランナーのようだから足の速い人たちを連れて先に行ってくれと指示した。滞在時間は二時間。私は三十歳前後のアメリカ人の女、イタリア人の男、セルビア人の男、途中で遅れて見えなくなった二人の男女を先導してダフ山に登った。

山頂に着くとセルビア人が素晴らしい経験をさせてくれたお礼にと百ドルで買ったばかりの黒い糸を通した大粒の黒真珠を私にくれた。私はいらないと断ったが、お願いだからと何度も言うので、その余計な贈与をポケットに突っ込んだ。ボスニアの戦争は関心をもって追っていた（私は民族誌も読んでいた）と私が言うと、彼は突然興奮して、報道は全てフェイクニュースでセルビアは普通の社会だと言った。彼にとってボスニアへの軍事介入と民族浄化はでっちあげだった。息を切らさずに登った背の高いイタリア人の男は、アラスカの海からポリネシアまでの航海は素晴らしかったと言った。鍛えた足を見せるショートパンツ姿で元気に登ってきたアメリカ人の女は少し遅れて頂上に着いて、素晴らしいと言った。巨大な仕掛けが素晴らしさを媒介する。

かなり遅れて山を歩けない体つきの白人たちが登ってきた。王様みたいと褒められたあの若者は、召使いのようになって太ったアメリカ人の男を支え、レオンはくたびれたアメリカ人の女の手を取り、彼女の荷物を担いで現れた。添乗員と観光客の集団は自分たちだけでシャンパンで乾杯して写真を撮った。添乗員の女が、マンガレヴァは鳥が羽を広げた形をしていると説明していたが、そんな比喩は聞いたことがない。セルビア人が、マンガレヴァは鳥が羽を広げた形をしている……と繰り返した。それは島の人たちに確かめた方がいいだろう。

太った白人の女が絶景の頂上近くの地面にもう無理という様子でぺたんと座った。彼女は添乗員に写真を撮ってと言うと、頭を傾げてうっとりと微笑んだ。レオンと私がフレームに入るので添乗員の女が「視界からうせろ《アウト・オヴ・サイト》」と命令したが、レオンに英語が通じないので「うせろ《アウト》！」と叫んだ。笑顔の消えたレオンが横に移動した。添乗員は無線でずっと誰かと話しながら私たちに指示を出した。「もう一時間も遅れている。四十五分で下山する必要がある」。私たちだけなら走らなくてもそれは可能だ。彼女はいったい何を根拠にそんな風に指示を出すのだろう。彼女は無線機で指示を受けながら、マンガレヴァのローカルガイドたちに命令している。命令する他所者たち権力はどのようにして生み出されているのか？　彼らは一時間二十分ほどかけて不様な格好で下山し、さらに遅れた数人を待った後、待たせていたピカピカのピックアップに分乗して去っていった。二日後の日曜日、私は友人たちと山に登った。テコト山頂から西の海上にあのクルーズ船が見えた。急病人が出て戻ってきたらしい。次にダフ山頂から見るとクルーズ船はトテジェジの沖に移動していた。しばらくしてエヴァサンの飛行機が北の方へ飛び去り、クルーズ船はピトケアンに向かって遠ざかった。あの船の人たちは次の島でも遅れていると言いながら人々を急がせるのだろう。

クルーズ船が来なかった金曜日の朝、私は思いがけずレオンとリキテアの過去を探索できた。波止場近くで朽ち果てた小さな家を見た。窓は跳ね上げ式の板で、つっかえ棒で支える。ママクララの家の近所にも似たような家があり、どちらにも漁師の家族が住んでいた。レオンによると、昔の木造の家にはガラス窓がなかった。次にナターシャの軽食堂《スナック》と工芸品店《アルティザナ》が並ぶ建物の壁に残された昔の牢獄の鉄格子を眺めた。その次に映画館とバーがあった空き地で立ち止まった。こんな風にして私たちは過去の出来事と現在の場所を重ねていった。系譜学的な散歩。それから私たちはどこかに残っていると思われるマラエの石を探して歩いた。レオンが聖堂の近くの家に入ってゆき、私はフランスの報道番組を見ていたガストン（七二）を紹介された。

僕は一九五一年に生まれた。十五歳で学校を辞めて一九六五年からＣＥＰで働いた。フランス軍は一九六三年に来て土地を切り開き、一九六五年から多くの人々が雇われた。タクとここにブロックハウスが建設され、タクの軍人用は堅固なコンクリート、ここの民間人用はプラスチックだった。僕は一九七一年からフランス軍に民間人として雇用されて二〇〇七年までモルロアで働いた。仕事は一人で何でもやる。フランス語で多機能《ポリヴァラン》と言う。五人一組みのチームで、フランス人が一人いて命令した。僕たちポリネシア人だけが多機能の仕事をさせられた。彼らは人種差別主義者だった。契約は三年ごとに更新する。その度に仕事について誰にも話さないと誓約した。誓約を破ると軍事法廷で裁判にかけられるから、フランスに連れてゆかれるのか、タヒチなのか判らず、恐ろしくて、だから誰も仕事のことは話さなかった。一九六六年にここの汚染が始まった。ドクターミヨン（ガンビエに来た観測船コキユ号のフィリプ・ミヨン医師）は放射線の研究をしていたが、彼は沈黙した。それはここの人々にとって哀れなことだった。彼は沈黙してろと言った。それが僕たちの雇用の契約だった。それは軍事秘密だった。だから沈黙した。祖父も祖母もそれで死んだ。一九六六年、一九六七年には九十歳、百歳の人たちがまだ生きていた。年寄りはいるか？　誰もいない。七十歳が年寄りだ。九十歳の人はいるか？　ノンノンノンノン。そんな人たちはもういない。一九六六年から老人たちがいなくなった。僕のママンは癌で死に、僕のパパは癌で死んだ。いつも魚を食べていた。僕が子供の頃は百歳の人が生きていた。八十歳、九十歳、百歳の人がいた。今は八十五歳がいるだけだ。七十歳でさえ数少ない……。

VI

無知の発展について

1　命令されたことをやった

　ポリネシア人は困難に直面すると泣く（嘆く《プリュレ》）。皆で泣いて救いを求める。私は解決策《ソリュシオン》を探す。アンナはこんな風に言った。彼女がフランス人の研修医が診断する総合病院を避けて専門医がいるクリニックにクララを連れて行き、二人分の航空運賃を含む全費用を払わせたことはすでに書いた。それだけならアンナはクレーマーだが、彼女の戦いは異なる地平に及ぶことがあった。それはアンナが偉大なフランスとちっぽけなポリネシアと呼ぶ構造的な問題と関係している。それは一連の階層的な分業からできている。いくつかの概念を借りて、この態度をカリカチュアすれば、アンナは世の支配者たちが期待するような「善い野蛮人」（bon sauvage）ではなく、「豚のような（悪い／怒りっぽい）性格」（caractère de cochon）の一人の戦士であり、泣くよりも自分で解決策を探して「自己決定」（autodétermination）することを好んだ。

アンナは寝起きのぼさぼさの髪のまま険しい顔でタバコを立てつづけに吸った。直面する問題の解決策を考えているのだ。その解決策が困難に直面すると新たな解決策を探した。私は新北上川を遡上した大津波のことを考えてしまう。繰り返す水害を減らすための治水のための開鑿事業が、より長期的でより大きなリスクを準備した。差し迫った問題の解決策が新たなリスクを産んだのだ。至高性／主権との関連で言えば、パレスチナ問題は典型的だ。シオニズムはヨーロッパにおけるアンチセミティズムを解決するための運動だった。その理念を実現するためにパレスチナの地に新たな主権国家が建設された。「（南アメリカと東アフリカの立地について考慮して撤回した後で）」(Said 1992 [1979]: 23)。ホロコーストの被害者たちは、自由を求めてパレスチナの植民地化を進め、暴力によって先住民たちから土地を奪った。それについて記述するスペースはないが、その後、イスラエルが被占領地で何をしてきたのかを見れば、その解決策がどれほど破壊的で、彼らが自分たちの暴力についてどれほど盲目であるのかは明らかだ。それはシェリダン将軍がアメリカ南部の大平原からインディアンたちを一掃したやり方にも似ている。暴力の被害者が、変革に陶酔し、悪を受け継ぎ、虐待者となって転落すると予見したのはヴェイユだった。パレスチナの植民地化を問題にすると、それを問題にしたのがユダヤ人だったとしても、アンチセミティズムだと糾弾される。この政治神学においては、シオニズムが法の根拠であり、暴力がそのヴィジョンを支え、排斥した先住民たちは不可視化される。パレスチナで人々が生きてきた現実を見ないのだ（cf. Said 1995; Khalidi 2020）。東ポリネシアの核実験は、フランスが自由になるための解決策だった。それがこの島嶼の日常にカタストロフをもたらした。問題の解決が別の問題を生み、厄介な問題は周縁に送られる。アンナは私がマンガレヴァを去る前日、私は疲れた、と声に出して言った。彼女は終わりのない問題と解決の連鎖と、言いなりにならない人類学者に疲れたのかもしれない。

その頃アンナは、一一月二日の死者の日までに、最後の王の霊廟の前の墓地にある祖父テオフィル・ジャック・ママトゥイの墓を改修して、祖父の遺骸の傍に祖母の遺骸を埋葬し、その日を華々しく祝う準備を進めていた。アンナは社会上昇するためのパフォーマンスの効果を計算していたのだと思う。彼女はラヴァル神父の回想録を読んで王の墓が空っぽだと知っていると私に言った。それでも王の墓は象徴的に機能する。回想録によれば、王の死の十二年後、ラヴァル神父がタラヴァイに行っている間に亡き王の妻と摂政が王の遺体を破壊した（空っぽだとは書かれていない）。神父はその理由を知ろうとはせず、この事件を原住民が自立できない証明だと捉えた（Laval 1968: 578）。ガンビエはそのようにして保護領となるのだ。私はアンナが自分たちに関わる事実を知るために、民族学の資料をここまで、しかし大雑把に、時には誤読しながら、読んでいたことを知った。誤読は些細なことだ。重要なことは、彼女が自己決定的に生きていることだ。

アンナが九歳の時だったというから、父は一九七七年頃にモルロアに去り（しかしアンナが父について語った物語にはかなりのブレがあった）、彼女はその年に三年遅れて小学校に入学した。アンナは週末に勉強をつづけてやがて皆に追いついた。その聡明さに気づいた校長の計らいで、アンナは十一歳から十五歳までタヒチの中学校で学んだ。アンナは初めは毎日泣いていたが、トゥアモトゥから来ていた一人の生徒と友だちになった。アンナの父は彼女が十四歳の時、あるいは十五歳になった頃、マンガレヴァに二―三ヶ月ほど帰ってきた。当時の彼女はタヒチにいたから話は曖昧だが、はっきりしているのは母が妊娠したことと父が出て行ったことだ。アンナが十五歳の時にポールが生まれ、母子家族は離散した。それは三十八年前のことだった。アンナは私がもっていたジャック・ギヨーの手記が読みたいと言って借りていった。意味が解らない単語は、たぶんこんな意味だろう……と意味を想像しながら読み進むという。アンナの知識にはかなりの欠落と混乱があったが、彼女は私は知性《アンテリジャン》があるという自信をもっていた。核実験のことについては、私たちは無知《イニョロン》だったと言った。

先をつづけよう。アンナは「最後の王」の霊廟があるあの丘の上の墓地に祖母の遺骸を移すための書類を作り、役場で村長のサインを貰い、二十三年前にタヒチで亡くなった祖母の遺骸を掘り出して空輸する手配をしていた。祖母の遺骸は四分の一ほどの重さになっていたから、航空運賃は通常の百万フランの四分の一程度ではないかとアンナは値踏みしていた。彼女は墓の区画を取り囲む壁を白ペンキで塗り直そうと試みたが、ペンキの値段が高いので値段の交渉をしたが頓挫し、だからタイル貼りに変更したのだが、ポールはタイルを直線に切ることはできても祖父の墓標のプレートに沿って曲線に切ることができず、だから工芸学校で教えたことのあるマリー＝ローズがタイルをモザイク状に割って貼ることを考えついたが、その方法は間もなく放棄され、プレートを壁から外してタイルを貼り終えたのだが、今度は割れやすいタイルの上にプレートを取り付ける方法を考案する必要が生じて……という風に、次から次へと問題が生まれ、その解決策《ソリュシオン》が考えられ、それが試され、家ではもう何日も食事が作られていなかった。

アンナは母の家に住み、実際はよく知らない父方のテオフィル・ジャック・ママトゥイの嫡孫として、関係の近い妹と弟と二人のテオフィルたちと一緒に子孫として発展しようとしていた。そのためには父方の祖父の孫たちの結束と、彼女の子供たちが移住してくることが必要だった。レオンの家の墓では、レオンが一人で白ペンキを塗って作業は一日で終わったが、テオフィル・ジャック・ママトゥイの墓の改修作業は、孫たちのアンナ、マリー＝ローズ、ポール、二人のテオフィルが何日もかけて作業していた。そのうちポールの息子のエトゥアタイが休暇で帰ってきて、彼も作業を手伝った。他の家族は雑貨店《マガザン》でペンキを買ってきて誰かが白塗りしたが、アンナのところは常に数人で作業をしながら、いつ終わるとも知れない困難とその解決策の連鎖が延びていった。そうやってみんなであり合わせの解決策を見つける技法を身につけてゆく。

ポリネシアをちっぽけにしているフランスの研修制度に寄り道しよう。私は二〇二二年九月六日のガンビエ行きの飛行機の中で、若いドイツ人の技術者と隣り合わせになり、彼がトレイルランニング用の靴を履き、私のと似たGPSの腕時計をしていたので話しかけた。彼はボルドーで一緒に暮らしていた医学生の恋人がタヒチで研修医となり、彼女の研修医仲間の二人と共に四人で十七キロの小環《プティット・ブクル》を走るという。後日リキテアで会った二人の女と一人の男の研修医たちは、それぞれに思慮深くて魅力的な人たちだったが、研修医としてタヒチに滞在するのは六ヶ月だけなので、可能な限りポリネシアの遠くの島々を訪れたいと話していた。この研修期間は彼女たちにとって未知の世界を知る上で貴重な機会となっただろう。

ピエール・ブルデューが一九五六年から一九六一年にかけてアルジェリアで、ブリュノ・ラトゥールが一九七三年から一九七五年にかけてコートジボワールで、それぞれ兵役についた経験／実験（expérience）は、彼らが社会科学者となり思想家となって飛躍するための決定的な見習い期間だったことは間違いない。しかしそれはホスト社会にとってどんな経験／実験だったのだろう？　アンナは研修医を医学生と軽蔑的に呼び、経験のない研修医に母を診察させないと断言した。アンナの解決策は時としてこの構造的な問題の核心に触れることがあった。

私がセイロンのキャンディで小中高一貫校に通っていた小学生の頃、放課後に勉強を教えてくれたタミル人のタンガイア先生が、後に内戦を逃れて難民となったその後を追った時のことを私は書いたことがある（内山田 2019: 170–171）。彼女は生き延びるために夫とインドのバンガロールに逃げたが、彼は大学病院で簡単なはずだった手術の後に亡くなった。タンガイア先生は、夫は手術の練習のために死んだと言って泣いた。私の滞在中にパレスチナ人の医学生が英語を学ぶためにタンガイア先生の家に通ってきていた。インドは外科医にとって天国だと彼は話した。ヨーロッパでは研修医が手術できる機会は少なく、もし失敗して患者を死なせたら大問題だが、ここでは失敗しても咎められない。だからインドで生きた人間を使って手術をたくさんやって腕を上げるというのだ。

彼らは「先進国」ではできないことを「途上国」でやっていた。核実験も同様だ。本国《メトロポール》のパリ郊外のシャティヨン要塞、マルクールのCEA核のサイト、その他の場所では危険すぎてできないことを、アルジェリアとポリネシアでつづけたのだ。マリアが、私たちは実験室のモルモットと話したことも、帝国の分業とポリネシアの無知の発展に関わっている。ガストンが話していた観測船コキユ号のミヨン医師が沈黙を命じたこともそうだ。

ところでガストンが言及した八十五歳は、八十六歳のダニエル・テアカロトゥ、あるいは八十八歳のブリュノ・シュミットのことかもしれない。ダニエルはアナの父で、一九六六年からCEAに雇われて指標生物の採取をした。ブリュノは心臓血管外科医で、一九四七年に勉強のためにタヒチに出た後、一九六二年から一九六四年にかけてCEAに雇われてガンビエに戻り、指標生物の採取をした。一九六六年以前のことだったので、それが核実験に関連しているとは考えなかったという。彼は一九九四年に引退して島に帰ってきて、中学校のグラウンドの傍らの、石庭のある家に住んでいる。ダニエルとブリュノには、言語人類学者のメイヤーのデータ収集を手伝ったという共通点があるが、ここでは二人が異なる時期にCEAに雇われて放射能の指標生物の採取をしていたという事実の方が重要だ。

結論を先取りすれば、ブリュノとダニエルは、それぞれが行った指標生物の採取が、核実験が行われる直前をベースラインにして、その後の放射性核種の濃度の変動を測定するために使われたとは想像していなかった。アナにブリュノが核実験が行われる前に指標生物の採取をしていたと話すと、彼女はとても驚いた。二人の仕事の関係と、二人の無知に気づいたのだ。私の父は命令されたことをやるだけで自分が何をしているのか考えなかった、とアナは言った。その口調は珍しく非難の音色を帯びていた。

2　自己を保持する

命令されたことをやるだけで何をしているのか考えない。アナの言葉には、ただ命令に従って何も考えずに働いた父への批判が込められていた。後にダニエルは母と娘を核実験のフォールアウト（放射性降下物）が原因だと思われる癌のために失った。彼は現地の協力者だった。兄のテパノ・テアカロトゥは当時の首長だったから、ダニエルはそのような仕事を与えられたのだろう。それは名誉ある仕事だった。レオンはダニエルがココヤシの実などを採取する記録映像を見たことがある。同様のことはフランス軍人だったイヴにも言える。イヴがまだ島にいた頃、私が核実験の多様な帰結について質問すると、彼はこんなことを言った。自分は軍人だから仕事としてやった。善だとか悪だとかは考えない。軍人の名誉と職務の栄光が、無知の無知を支えたと思われる。彼の妻は、後に神父となり193の代表となる兄オーギュストにつづいてフランス兵とマンガレヴァの女のある親密な関係から生まれ、妻の母はフォールアウトが原因だと疑われる癌のために死んだ。妻も癌の治療を受けていた。だからイヴは考えないとは言ったが、核実験に関与することの善悪について考えさせられる圧力を感じていたに違いない。

ＣＥＰの最初の核実験の少し前から、クララはタクのフランス軍の施設に雇われて働いた。フランス兵たちが活動した尾根の上の気象観測所は、核実験のフォールアウトを調査するためのものだったことは明らかだが、彼女たちは何も知らなかった。島の人々は賃金のために建設現場で働き、フランス人が好む野菜を栽培して部隊に売った。最初の核実験の後、理由も告げずに彼らが野菜を買わなくなったことをクララは覚えている。知覚不能なこと、理解不能なことが始まっていた。

一九六六年には六回の核実験が行われた。七月二日のアルデバラン（牡牛座α星）、七月一九日のタムレ（タヒチの情熱的な舞踊）、七月二一日のガニメデ（ギリシア神話の美少年／木星の衛星）、九月一一日のベテルギウス（オリオン座α星）、九月二四日のリゲル（オリオン座β星）、一〇月四日のシリウス（大犬座α星）。核実験の名称は、神話のヴェールで覆われた実在する恒星のエネルギーに、国家がどれほど魅せられていたのかを示している。核実験はフランスに偉大さを与えたのか？　ド・ゴール将軍をはじめとして歴代の大統領はそう思っている。歴代の大統領にとって重要なのはフランスの独立だ。核兵器はフランスに独立を与えている。それはポリネシアに偉大さを与えたのか？　マリアによると、核実験はフランスの進歩のために行われ、ポリネシア人はちっぽけな実験動物だった。しかしそれ以前にマンガレヴァの神々は聖心会によって破壊され、あるいはヨーロッパにもち去られていた。マリアは、ヴァティカンの民族学博物館から貸し出され、タヒチと島々博物館で展示されたマンガレヴァの神を見たことがあった。

こうしてマンガレヴァの人たちは一九六三年あるいは一九六四年頃から核実験のための労働で賃金を得るようになり、小屋に住んでいた彼らは、木材を買って家を建てた。マリアはそれを「CEPの家」と呼ぶ。アナによると、どんな対価／犠牲が払われたのか（à quel prix?）が重要であり、私はそれがどう媒介されたのかを問わなければならない。島の男たちは核実験がもたらした収入で食料品を買い、小さな家を建て、娘たちは兵士たちと踊ったが、被ばくについては何も知らなかった。核実験に関わった人々の証言と文書を集めたブリュノ・バリヨの献身的な仕事のおかげで、私たちは同じ場所で交錯した異なる視点から、コンタクトの反対側に光を当てることができる。

観測船コキユ号は、フォールアウトを調査するために、核実験の四日後の一九六六年七月六日から一〇日までガンビエに停泊し、大気と海水と海の生物と島の植物の試料採取を行った。船上のウェットラボとドライラボでは、徴兵された若い化学者たちが暫定的な分析を行っていた。この経験／実験は彼らがそれぞれ飛躍するための重要な培養期間となっただろう。フランス領ポリネシア議会の調査委員会のために、バリヨがコキユ号の乗組員だったミシェル・ファントンにインタヴューした記録が残されている。当時二十歳だったファントンは、船に乗っていた人たちのおよそ半数と共に、マンガレヴァに上陸した。彼らは島の女たちとやることを想像していた。

艦長とミヨン医師がそこにいた。気分はどす黒く沈んでいた。私たちには新しい島を訪れる興奮が全くなかった。放射能雲を追いかけていたことを私たちは知っていたが、乗組員の九十パーセントはどの点において放射線が重要になるのかを全く知らず、私の場合もそうだった。私たちにはなんの目印もなかった。艦長が私たちに言った。「さあ、君たちは陸に着いた。我々は自分たちのミッションをつづける。全てはうまくゆく。なんら心配する理由はない。現地人たちには心配な場所はないと言え。現地人たちを安心させろ。にもかかわらず何が起きているのか君たちが喋ったならば、その結果として四十五年の刑務所行きだ！」と言って、彼はこうつけ加えた。「ファンタあるいは君たちの目の前で開けられたココヤシの実以外は飲むな。缶詰以外のものは食べるな」。私たちは決して食べ物を受け取ってはならないと注意されていたことも私は思い出した（Barrillot 2005: 1）。

ファントンは、大量のビスケットをもって仲間たちとマンガレヴァに上陸して道に迷った。彼らは試料採取を命じられていたが、いきなりそうするのは簡単ではなかった。人々と知り合う時間はない上、彼らは怒っているようだった。彼らは気難しく、険悪で、不満げに見えた。ファントンたちはマンガレヴァの人たちからジュートの袋に入ったサラダ菜とトマトをいっぱい貰った。それはフランス軍に買ってもらうために栽培した野菜だったと思われる。船に戻ると、医師がそれは食べられないから捨てろというので、仕方なく海に捨てた。マンガレヴァの人々はどうなるんだと聞いたが、士官たちからまともな答えは返ってこなかった（ibid.: 2, 4）。周囲世界では知覚できない変異が始まっていたが、それが明らかになるのはずっと後のことだ。

フランス領ポリネシア議会が二〇〇五年に編纂した報告書によると、一九六六年七月二日の一時間二十分のフォールアウトの間にマンガレヴァの人々は五・五mSvの放射線を浴びたと推定されていた（CESCEN 2006: 63）。しかしフォールアウトを知る手段も情報もなかった。観測船コキユ号の艦長とミヨン医師が秘密にしていたのは、このフォールアウトだった。アナが言うように、核実験について話すことがタブーではなくなったのが二〇〇九年だったとすれば、核実験が始まってからすでに四十三年が過ぎている。国家の秘密が四十三年間もタブーによって守られていた間に、被害者たちの多くはすでに死亡し、責任者たちもすでに死んでいる。これは例外ではなく常態だ。

ただ命令に従うことの含意へと寄り道しよう。一九六一年にエルサレムでアイヒマン裁判を傍聴したアーレントは次のように書いた。「これが世の習わしだったのであり、これが総統の命令に基づく国の新しい法だった。彼がやったあらゆることを、彼が気づくことができる限りにおいて、彼は法を守る市民としてやった。彼が警察と法廷で繰り返し話したように、彼は自分の職務を果たし、そうして彼は命令に従っただけでなく、彼は法にも従っていた」（Arendt 1994: 135）。

何も考えずにただ従うことが世の習わしならば、どうする？　一八八六年に出版されたニーチェの『善悪の彼岸』四十一節によれば、人は自己を肯定し、独立を求めて自分に試練を与えねばならない。「人々は独立して命令するように予《あらかじ》め定められているものだということに対して、自分自らに試練を与えなければならない。しかも時を逸することなくそうしなければならない。その試煉が恐らく彼の賭《と》しうる最も危険な賭事《かけごと》であろうとも、自分の試煉を回避してはならない。しかも結局において、それはわれわれ自身をのみ目撃者として行なわれ、いかなる他の裁判官の前にも持ち出されない試煉である。決して一人の人格に執着してはならない。それが最愛の人格であろうともだ」。ニーチェは続ける。「一つの祖国に執着してもならない」。「一つの学問に拘《かか》ずらっていてはならない」。そして次のように締め括る。「人々は自らを保持することを知らなければならない」と（ニーチェ 1970: 68–69）。法だから従うのではなく、自己を保持して生きろと言うのだ。そのために、一人の人格、一つの祖国、一つの学問を、捨てることになったとしても。

3　フランス兵も無知だった

ガタガタキリキリと車体を軋ませながらアンナが運転するGONOWが折れまがった坂道をのろのろと上る。峠から下る途中でダフ山とモコト山の登山口を通り過ぎ、ガタヴァケ湾岸の未舗装の道を西に少し行った先の山側にあるパパダニエルの家に向かった。七時前に来るように言われていたのだが、家族の中で一番最後に起きるアンナには無理なことだった。二〇二二年三月五日の朝八時過ぎ、アナが家を取り巻く広いテラスに出てきて、パパは山に出かけていないけど上がって、と言った。

ダニエルは朝七時には山に入り一日山で過ごす。登山口から少し入った茂みの中に巨大な石から造られた建造物群の廃墟がある。私はある石の台の窪みに人骨が並べられているのを見たことがあった。アンナに話すと、散乱していた骨をダニエルが拾い集めてそこに置いたのだという。それはマラエなのかと聞くと、アンナはパエパエ（建物の基礎）だと言った。人身供犠が行われたのかと聞くと、人身供犠ではなく饗宴が行われたと言う。饗宴は人喰いと重なっていたと私は思うのだが、それは微妙な問題で、人喰いの習慣について聞かれることを嫌う人たちがいたから、それ以上は聞かなかった。後にアナにそのことを聞くと、あのパエパエはマラエだと思うけど……マラエのことは知らない、と言った。ダニエルが住む家は、そこから多様な植物が密生する斜面を海の方に降りた辺りだ。

ポールとアンナが島の反対側のガタヴァケで開墾作業をしていた二月中旬の暑い日の昼前、私は近所の軽食堂《スナック》でポテトフライと焼いた挽肉を挟んで砂糖入りのマヨネーズソースをかけたいつものバゲットの軽食《カスクルット》を買って二人の様子を見に行った。ポールが小屋を建てようとしていた土地の西隣には大きな家があり、その海側はポールの土地の手前までペンションの敷地だ。彼の土地は痩せた山の方へ、隣の土地は豊かな海の方へと延びていた。隣は親戚だからとアンナが案内してくれた。アンナは一本のグレープフルーツの木の傍で立ち止まり、何かの痕跡を調べるような仕草で手を伸ばし、幹をじっと見つめ、祖父がこの木を植えた、ときっぱり言った。海辺のココヤシも全て祖父が植えたという。アンナは父方の祖父のことをよく知らないはずだから、私は彼女の説明を鵜呑みにしない。グレープフルーツの木もココヤシも父方の祖父が植えたというが、どうやってそれを知ったのだろう。海岸の木陰に真珠の養殖に使うブイが積んである。海辺のバンガローにはフランス人の観光客が泊まっている。アンナの従妹がペンションを経営し、彼女の娘は中学校でフランス語の教師をしている。

私はエトゥアタイとトゥル＝ランギが腰蓑を着けて踊ったガラの会場となったスポーツ施設の裏で、出番を待つ中学生たちと一緒にいたその若いフランス語の教師と話したことがあった。彼女は色白で、綺麗なフランス語を話した。フランスの大学を卒業したという。アンナと私が訪ねていった時、従妹は庭のテーブルで仕事の電話をしていて話ができなかった。彼女はアンナとさほど親しくないように見えた。実際アンナは、真珠の養殖家たちとは別々のテーブルを囲んで座ると話していた。

私たちは建物の二階で従妹の母のアニヒア（七七）に会った。アンナは不自然なほど親しみを込めて彼女を「ママ」（年配の女性に対する敬称）と呼んだ。二度目の滞在中にフランス兵の子供たちのことを話していた時、アンナは不意にアニヒアはフランス兵と関係をもって子供を産んだと言った。その兵士はフランスに帰ったが、年月が過ぎてから彼女を探しにきて、パトロンとして家族に財政的な援助をして真珠の養殖を始めた。彼はすでに亡くなっていたが、それは一つの愛から、真珠、観光、文化の資本が生まれた稀なケースだった。

私はアニヒアに、核実験が始まった頃にサン・ミシェル聖堂の司祭だった神父《ペール》ダニエルのことを聞いた。フランス軍と良好な関係にあったこの神父は、その立場を利用してマンガレヴァの人々に核実験は心配する必要がないと言い含め、その見返りにフランス軍が彼のフランス行きの旅費と聖堂の改修費用を支出したことがバリヨの調査で明らかになっていた（Barrillot 2009a）。

一九六九年から一九七一年までの三年間、リキテアで憲兵隊長として勤務したフランソワ・クルネーによると、ダニエル神父は「CEPがあなたたちに食べ物を運んでくる。それはこれを運んでくる。それはあれを運んでくる……」とミサの説教で話した。これを聞いた島の人は「やってみよう。私たちは金を手にするだろう。私たちは仕事を貰うだろう。私たちはトテジェジのCEPに働きに行こう。そうすれば私たちはより多くを得るだろう」と考えたと証言している（Barrillot 2013: 10）。私はクルネーが語った島の誰かのパロールの反響を読み、タクに住む巨漢のルイが私に語ったことを思い出した。それは二度目にトテジェジにキャンプに行って帰ってきた時のことだった。「神様が私たちに食べ物を運んでくる。それは本当だ」。ルイは真面目な顔で私にそう言った。ルイは本当にそう思っているようだった。私は彼が後背地の周縁の資本主義の中で生きていると思っていたが、それだけではなかった。彼は聖心会が宣教した全能の神の力能を心から信じていた。だから、ダニエル神父が、神とCEPを入れ替えてミサの説教をしたことは、悪魔的なことだと私は思う。

私は軍隊と教会の相互依存、核実験の危険について話すことのタブー、ダニエル神父の司牧（羊飼が羊の群れを導く／服従させる技法）に関する具体的な出来事が知りたかった。けれどもアニヒアが、ペールダニエルをパパダニエルと勘違いしたために話はどんどん逸脱してゆき、アンナがなぜかそうそうと話を合わせて何でも肯定するうちに、私はパパダニエルと会うことになった。彼は核実験が始まった頃の首長だったテパノ・テアカロトゥの弟だった。それはとても幸運な逸脱だった。私は主権権力の絶大を支えた無知の発展の痕跡に出会ったのだから。

その日はダニエルに会えなかったので、私は別の日に出直すことにしたが、彼がＣＯＶＩＤ－19に感染してそれも流れてしまった。数日後、アンナは郵便局でアナと出会い、彼女が面白いことを話していたと私に言った。アナは私の代わりにダニエルに話を聞いたらしい。ダニエルは初めてフランス兵を見た時、彼らの肌が白いのを見て、彼らは知性《アンテリジャン》があると思ったという。ダニエルにとって、白い肌は知能の高さの現れだった。アナとアンナはそれぞれの肌の浅黒さを気にしていたが、二人とも自分の知性には自信をもっていた。その上、若いフランス兵たちが無知だったこと、彼らが普通の仕事と同じようにして核実験に関わり、被ばくしたことを知っていた。

アナはフランス領ポリネシア政府の設備部門で男たちに混じって働いた。彼女はオフィスで女たちと働くよりも現場で男たちと働くことを好み、男の同僚たちが重機を操縦する現場で箒を手に働くことを厭わなかった。彼女はまた１９３で医師たちと協力しながら核実験の被害者たちが賠償請求をする書類の作成を手伝い、フランス語も上手かった。一方のアンナは中卒だ。マリー＝ローズとポールは小学校しか出ておらず、タヒチに住む中国人の夫は読み書きができないので、作文や交渉は全てアンナがやった。彼女はフランス語がそれほど上手くなかったが、たくさん話せたし、本を読み、並外れた粘り強さと度胸があった。

一〇月中旬のある日、アンナが《conclusion》の意味を教えてくれと私に言った。結論というのは、ある問いを立て、それを議論するための理論的な枠組みを選び、問いに答えるための証拠を集め、証拠と理論からなる根拠を示しながら、一つの枠組みの中で答えを示す。その問いと答えを簡潔に議論する部分が結論だ。私は大学生に説明するように話した後、彼女が何をしたいのか知らないことに気がついた。アンナは祖父の土地がアウケナやタラヴァイにあり、その土地の所有権を証明する書類を提出しなければならず、その文書に《conclusion》を書く必要があるという。彼女は使い古されて表紙の取れた中学生のラルース辞典でその言葉の意味を調べていた。そこには三つの定義と三つの例文が平易な言葉で記されていた。以下に定義の大意だけを示す。

結論《コンクルジオン》（女性名詞）**1** 弁論あるいは文書の結び。**2** 合意の締結をすること。**3** 論証から導き出す帰結。次の見出し語の《concombre》には緑色のキュウリの実と葉と蔓と黄色い花のイラストが描かれている。私の説明も、三つだけの定義も、アンナの申し立てには役に立たない。私はより大きな複数の辞書でこの語の定義と用法を調べ、それが法律用語で、法的手続きにおけるそれぞれの当事者たちの権利の主張（prétentions）を意味するらしいことに気づき、アンナにそう説明すると、彼女は何をするべきなのかを直ちに理解した。

中学生の辞典を使って法律文書を書こうとするアンナの恐れ知らずの試みは、人間の肯定的な可能性を示している、しかし主権権力の本性が露わになる時、人々はどうやって自己の保持ができるのか？　最上級の裁判所が、人間と自然の存在価値ではなく、時代的な国策を擁護する時に。

4　診療ノートをもっているようですね

私は真実（vérité）が知りたいとアナは言う。それは二〇〇九年五月二七日のエリゼ宮殿の閣議決定、その後ブルボン宮殿の国民議会の審議、そしてリュクサンブール宮殿の上院の修正を経て、二〇一〇年一月五日に公布された国防大臣の名前で呼ばれるモラン法と関わる。核実験の被害者たちに対する（補償の条件を狭く限定した）この画期的な補償法の制定に貢献したブリュノ・バリヨについて書いておこう。バリヨは一九八四年にリヨンで「平和と紛争の資料と研究センター」と「核兵器監視所」を設立し、核実験の調査と、被害者への補償のために活動した越境者だった。このような伝記的な事実よりも重要なことは、彼が一九九〇年にマンガレヴァで二つのブロックハウスを見た衝撃から、ある問いとそれにつづく活動が生まれたことだ。

島には二つシェルターがあった。タクのフランス軍人用はコンクリート製で、壁は九十センチの厚さがあり、外側を放射能を遮蔽する金属板で覆われていた。サン・ミシェル聖堂から一キロ少し北の、今ではスポーツ施設と発電施設と砕石場と古い波止場のある、海辺のそれは、簡素で異様に長い納屋だった。

バリヨの死亡記事によると、彼はコンクリートとトタン屋根の違いに驚き、「核実験は環境を汚染しない」というフランス政府の説明の嘘に気づき、公開されていた公文書を調べ、国防省に対してこの矛盾を説明するよう要求した（Le Monde 2017.4.13）。その時の衝撃を彼はこう証言している。「なんという差別！　この〈ショック〉が私を駆り立て、それを超えて率直な証言の数々を集めさせ、そしてその先をつづけさせたのだと思う」（Barrillot 2013: 60）。

アナが真実を求めている地平に戻ろう。その時、主権権力が秘密を一部開示することを伴った立法の過程と並行して、記憶を繋ぎ止めていた手掛かりを消去する政治の過程が進行していた。だから真実が知りたいというアナの願いは、実現可能なある部分と、その可能性が永遠に失われたより大きな部分があるだろう。

核実験について話すことがタブーではなくなったのは二〇〇九年だったとアナが話したことを覚えているだろう。彼女は同世代のオーギュスト神父が核実験について話すのを聞いてそう思った。

それを始めたのはシェルターの違い（核シェルターと納屋）に衝撃を受けたバリヨだった。二〇〇五年、バリヨが中心となってフランス領ポリネシア議会の「核実験の影響に関する調査委員会」が被害者の調査を行い、その報告書は『ポリネシア人と核実験』と名づけられた（CESCEN 2006）。控えめに印刷されたサブタイトルには、核実験の政治の深みを問題にしようとしたバリヨたちの意志が示されていた。

バリヨは一九四〇年にリヨンで生まれ、この街で学んで神父となったが、核兵器に対して煮え切らない態度をとるカトリック教会と一九八五年頃に決別し、残りの人生を核実験の影響の研究と被害者たちの救済の活動に捧げ、二〇一七年にタヒチで亡くなった。彼がタヒチで活動拠点の一つにしていたマオヒ・プロテスタント教会のアーカイヴは充実していた。これを書いている一年前、私はそこで二冊の本を借りた。一つは「国家の独立とポリネシアの従属」という副題のあの報告書。もう一つはバリヨが編集した『爆弾の証言者たち』だ（Barrillot 2013）。前者はフランス領ポリネシア議会のサイトにPDFがあるが、後者は古書でさえ見つけられず、世界中の検索可能な図書館を探しても四つの図書館（ハワイ、タヒチ、オーストラリア、ドイツ）にあるだけだった。ポリネシアの核実験の証言者たちの声が出版されたのに、それをかき消す力が働いているらしい。

三十二人の証言者たちの最初の二人、ジャクリーヌ・ゴラズとフランソワ・クルネーは、前者は小学校の教師として主に一九六二年から一九六七年まで、後者は憲兵隊の隊長として一九六九年から一九七一年までリキテアに住んでいた。私はこの二人のことを何度か聞いたことがあった。

アンナは無知について私に話した逸話の中で、教師のジャクリーヌは子供たちの健康状態をノートに記し、そのノートはフランス軍によって燃やされたと思うと話した。問題はこうだ。一人の教師が生徒たちの病状を書いた核実験の影響のリアルな記録がフランス軍によって奪われた。サン・ミシェル聖堂の神父はフランス軍に協力し、フランス軍やCEPに雇われた男たちは秘密保持を強いられ、人々は核実験の影響について知ることを阻まれて無知の状態にあった。異変を記録しようとした疑問が摘み取られたのだ。

憲兵隊長のクルネーには三人の子供たちがいて、一九六九年に七歳だったジルは私が話を聞いたピエールの親友だった。ジルの妹には被ばくによる先天異常があった。アンナによると、ジルは後に医者となってマンガレヴァに戻ってきて、核実験の被ばくについて調べたために給料が払われなくなり、島の人たちが彼を支えたという。アナによると、ジルはブルターニュに帰った後も医者として193の活動を支えている。一九六二年に教師としてリキテアに赴任したジャクリーヌの証言の一部を要約しておこう。

一九六三年の終わりから一九六四年の初めにかけてフランス軍がタクに入ってくると島の生活は混乱しました。毎晩野外で映画が上映されて、生徒たちは翌日まで眠らず、娘たちは誘惑されました。私たちは核実験のことは何も知らず、後になってそれが核爆弾だったことを知りました。リキテアにシェルターはありませんでした。一九六七年七月のある日、（病気のために）休職を願い出ると、その日は核実験が行われると言うので、生徒たちとガタヴァケの峠に登って閃光を見ました。

三十分ほど経って大きな爆風を感じ、それは一気に峠に降りてきました。村まで下ると異常な音が聞こえて、窓もココヤシも木も全てが揺れました。ある晩、誰かが戸口に来て言いました。「何かが起きている、水を飲むな、トマトもサラダ菜も野菜も食べるな」。「でも何を食べろと言うの？この島々にはそれしかない、雨水タンクの水を飲むしかない、私たちにあるのはこの水だけ」。子供たちは下痢をし、嘔吐し、娘の髪の毛が抜けたと言う父親もいました。私は看護師に報告するために生徒たちの健康状態をノートに記録しました。ある日三人の士官が小学校に訪ねて来ました。「マダム、あなたは診療ノートをもっているようですね」。「はいはい」。「そのノートを見せてもらえませんか？」と言って彼らはノートをもち去り、汽笛が鳴り、彼らを乗せた船は小学校の前を通って出ていきました。〔…〕フランシス・ペランという植物学者が来て、ガンビエに自生する花が見たいと言うので、早朝にガタヴァケの峠に連れて行くとこう言いました。「わかるでしょう、マダム・ゴラズ。あなたたちにはこんなに美しい国があるが、残念なことに、この国でうまく行っていないものたちを、人はあなたたちにつぎ込もうとしている……それは残念なことです。あなたたちにはとても美しい国がある」。そして彼はほんとうに少し苦しげにそう言ったと私は思います。後で知ったのですが、彼はただ者ではありませんでした。彼は核兵器を作る人、核兵器のエンジニアだったのです（Barrillot 2013: 3–6）。フランシス・ペランは、原子物理学者だった。彼は一九五〇年から一九七〇年までCEAの長官（高等弁務官《オー・コミセール》）をしていた。

ジャクリーヌは病気のために一九六八年までパリのヴァル・ド・グラース陸軍病院に入院した。

島に戻ると世界は変わっていた。人々はより個人主義的で、兵士たちの子供たちが大勢いて、リキテアにはシェルターができていた。彼女は一九六九年に重い病気になり、憲兵隊のクルネーが手配したエヴァサンでタヒチのヴァイアミ病院に搬送された。

私たちがタクの道を走っていたある朝、ここにブロックハウスがあったとレオンが言った。私は立ち止まり、その場所を見た。だが、レオンが見ている虚空、あるいは不在が、私には見えない。まどろみを破る異質な強度はもう存在しない。それは二〇〇七年に解体され、二〇〇八年にはリキテアのシェルターも取り壊され、ガレキは環礁のどこかに埋められた。本国《メトロポール》の機密解除の過程に先行して、周縁では記憶の破壊と浄化が行われていたのだ。

5　制度の外で生を分け合うこと

アンナが自分の知的な能力に自信をもち、核実験について無知だったことは矛盾しない。先に進むために、部分的に重なる力の二つの概念、「力能」(puissance) と「権力」(pouvoir) を導入しよう。まず両者の混乱から。『権力への意志』と訳されたニーチェの *Der Wille zur Macht* のフランス語版は *La volonté de puissance* (『力能の意志』) と訳され、力能の概念が使われている。英訳は *The Will to Power* であり、この力の概念は両義的だ。ドゥルーズ後のニーチェの観点から単純化すると、内在する活動する力は力能、他者の活動に介入する力は権力だが、両者は重なり合う。ドゥルーズは力能に、フーコーは権力に、重心を傾けたが、フーコーの生権力は力能でもある。

至高性／主権の神話研究をしたデュメジルが語り直すアイルランド神話の中に、フォモール部族と女神ダヌに率いられた人々の戦争に現れた、この二重の力の秘密に関する記述がある。

フォモールの戦士たちは負傷して倒れ、戦死すると翌日の戦いに出て行くことはない。しかしダヌの側で起きていたことがフォモールを驚かせた。戦死者たちは命の火を受け、翌日には活力に満ちて戻ってきた。負傷者たちは、生命の源の周りに置かれた薬と、呪文の力能によって回復した（Dumézil 2021: 848）。この薬と呪文は力能の手段だ。デュメジルは、つづいてあるゾロアスター神話を参照した。原初の時は神々と共に過ぎ去り、英雄がいかに力能ある手段の権力によって宇宙の闘争に介入しても、もう死者を蘇らせ、死の仕事を無効に、あるいは中断できないと語る。権力の争いは力能の争いだった（*ibid*.: 851–855）。まるで核開発と生命科学だ。

夜空に輝く恒星は力能を秘め、核分裂や核融合は物質に内在する力能だ。この力能を支配のために権力として使おうというのだ。ド・ゴール将軍がなぜ力能に執着したのか想像できるだろう。しかし自己の保持は、主権権力にではなく、内在する力能に関わる。その自己は関係的な共生体だ。

アンナがある時、オーストラリアのアボリジニのドキュメンタリーを見たと言って私に話し始めた。アボリジニの子供たちは警察によって家族から強制的に連れ去られ、白人社会に同化させるために、里親や施設や宣教会《ミシオン》で養育された。彼女たちは親族や土地との紐帯を失い、差別を受け、虐待され、躾けられ、メイドや労働者として白人社会に取り込まれた。アンナは、この同化政策の歴史を自分たちの経験に重ねて怒っていた。子供の時に連れ去られ、白人の制度の中で無知になる。大人になってから家族と土地を探すが手遅れだ（cf. Commonwealth of Australia 1997）。一九九八年に国民ゴメンナサイの日を制定し、補償制度を導入しても、失われた関係は回復しない。

ジェルは一九六九年から一九七〇年にかけてパプア・ニューギニアの高地で、メルロ＝ポンティの『知覚の現象学』、レヴィ＝ストロースの『野生の思考』、イェイツの詩集を読んだ。半世紀後、私はママクラの小屋で、ニーチェの『反時代的考察』、バックの『マンガレヴァの民族学』、イェイツの『詩選集と四つの脚本』を読んだ。メルロ＝ポンティではなくニーチェだったことには、研究対象と方法論の違いが反映されている。私はジェルが亡くなる少し前からドゥルーズを読み始めた。最初に手にとったのは『ニーチェと哲学』の英訳だった（Deleuze 1983）。フランスに通うようになる前のことだった。

私がマンガレヴァに固有の文化的実践と社会性の記述を試みるのであれば、『知覚の現象学』で良かった。問題は世界の知覚についてであり、世界の中で相互に活動する身体たちの志向性の構造を明らかにすれば良い。世界は分析する以前に与えられているという前提なのだから。だが、世界は別ものとなって断絶していた。私がこれに気づいたのは、3．11の津波とは性質を異にする、原発事故について考えるようになってからだ。津波が起きたのは予め与えられた世界だった。津波は繰り返したのだから。原発事故はそうではない。久之浜のある人は、原発事故後の日常は非日常だと言った。

私は「3．11の問い――その場所と時間」(2013) において、原発事故を考察するためには、『知覚の現象学』とは別の方法で追跡する必要があると書いた。しかし私はこの本を読み返す。与えられた世界の中の私たちの自然的な態度、通い慣れた道、やり慣れた仕事の手順、間主体的な世界認識の方法、世界の中の相互身体的な関係の作り方について考えるためだ。そこで原子力施設の事故が起きたら、あるいは核実験が行われたらどうだろう。周囲世界は見慣れぬ世界になっている。通い慣れた道は閉ざされ、相互身体的な関係の先は途切れている。状況を理解しようとしても手段がない。そして秘密の壁。

一九六六年七月六日に放射能雲を追ってガンビエに来た観測船コキユ号の艦長は、乗組員たちに「現地人たちを安心させろ」と命じた。サン・ミシェル聖堂のダニエル神父は現実に反して人々を安心させた。しかし秘密は漏れる。小学校の教師だったジャクリーヌの戸口に来て「水を飲むな」と言ったのは誰だろう。私はタクに住む潜水艦乗りだったミシェルから同じような話を聞いたことがあった。ミシェルによると、フランス軍に雇われていた誰かが、雨水を飲むと内部被ばくすることを知り、雨水を飲むなと伝えてまわった。その人は命を救うために、法と契約と制度に叛いて活動した。彼は制度の権力の働きによってではなく、内在する命の理由に触発されて活動したのだろう。彼はその後もフランス軍に雇われて働いただろう。

「一緒にオールを漕ぐこと、分け合うこと、それはあらゆる法とあらゆる契約とあらゆる制度の外で何かを分け合うこと」(Deleuze 2002 [1973]: 355)。これはドゥルーズが、座礁したメデュース号の筏を例に挙げながら、ニーチェのテクストから引き出したという独創性だ。しかしジャクリーヌとミシェルの証言の中に活動の痕跡を残すその人は、ドゥルーズを経由したニーチェの独創性とは無関係に、法と契約と制度の外で、生きる秘密を分け合った。だから順序は逆なのだ。私はバックが集めたマンガレヴァの伝承でも、活動する力能の肯定的な仕事の流れを見つけた。これについてはまた後で触れる。

フランス軍とＣＥＡの混成チームＳＭＳＲ（放射線安全混成業務）の「放射線下の作業に関する情報の解説」という小冊子がある。六頁には外部被ばく、七頁には内部被ばくの図解がある。外部被ばくは皮膚が汚染されるとされ、皮膚を貫通する放射線の情報はない。死者はすでに出ていた。内部被ばくは呼吸と経口と傷口の三つのルートで体内に入るという。この小冊子の根拠となる核実験場で働く人たちの放射線防護の法令が出されたのは一九六七年三月一五日だった（CEA 1969）。一九六六年に六回の核実験が行われた後のことだ。ＳＭＳＲに所属した誰かが、この情報を知り、雨水を飲むなと伝えてまわったのだと私は想像する。

一九六七年には三回の核実験が行われた。六月五日のアルタイル（鷲座α星）、六月二七日のアンタレス（蠍座α星）、七月二日のアルクトゥルス（牛飼い座α星）。ジャクリーヌが峠から見たのは九回目の閃光だ。リキテアで島民たちのためのシェルターの建設が始まったのはその年の一一月だった。主権権力が何を優先したのかもう明らかだろう。それはフランスの独立を可能にする強力な核兵器だった。だから私たちは、生きてきた多様なものたちの力能、そしてそれらに内在する生きる理由と関係をもって活動しよう。

6　ローマに送られたポリネシアの神

ポールは自分のイレズミの意味を知らない。アンナはそう言う。肩にマルケサスのイレズミをした巨漢のルイもそうだ。マルケサス諸島の中央に位置するヌクヒヴァは、マンガレヴァの北およそ千七百キロのところにあり、マルケサスとガンビエの交流は、白人たちが行き来するようになるまで、長らく途絶えていた。この島の要石は大天使聖ミカエルなのだ。

私はママクララの家に移るまで、タヒチから電話で、どこでもいいから泊めてください、と頼んだヒナヌイとよく話した。彼女はラヴァル神父の回想録とバックの民族学を読むように私に勧めて顔をしかめ、人喰いのことを調べるの？と聞いた。必ずしもそうじゃない。ここの日常について何でも知りたい。昔のことも今のことも。私はそんな風に答えた。オルネリアが働く店の奥の母屋に、テプロティという他所から来た六十代半ばの女が住んでいた。テプロティはヒナヌイの義母で、赤子を産んだヒナヌイのパートナーは娘だという。彼女の娘はオヴェアという中学校の教師で、巨大な体にマルケサスのイレズミをしていた。それは戦士のイレズミだった。私がタヒチで知り合ったファヒネ出身の掃除人の夫婦も、見覚えのあるマルケサスのイレズミをしていた。

ジェルは『芸術とエージェンシー』の八章で、マルケサスのイレズミの集成体《コーパス》を扱い、私たちは小さな人のような基本モチーフのエトゥアが、いくつかの基本的な方法で転形し転写し組み合わされ、二次元のデザインとして成長しながら人体の皮膚を覆い、イレズミに包まれた三次元のティキ（像《イメージ》）となり、あるいは木や石を彫刻したティキへと発展してゆくことを知った。この作品群は、ある時代に盛んに生み出され、宣教師たちの活動によって途絶えたマルケサス文化の主要な部分だった（Gell 1998）。

一八三四年にガンビエに入ってきた聖心会は、一八三五年頃から神々の像を破壊し、マラエを破壊し、イレズミを禁じ、踊りを禁じ、彼らの戒律に反するあらゆる行為を禁じた。労役は重く、人口は十分の一ほどに減り、混血が進み、世界に関与する経路が混乱し、人々は自分たちが誰なのか分からなくなった。アンナはこのことを彼女なりに問題にしていたのだ。

マンガレヴァのイレズミは、一八二五年一二月二九日から一八二六年一月一三日まで島に滞在したキャプテン・ビーチーの航海記の二つの挿画（第一巻の一四二頁と一七八頁のそれぞれ反対側の挿画）に描かれているだけで、そこから抽出した下半身に縦縞のタイツを履いたようなイレズミと肩と背中あるいは腹に十字の陰画のようなイレズミをした四人の男（a，b，c，d）の姿がバックの『マンガレヴァの民族学』に再録され、それがジェルの『イメージたちに包んで』に再再録されている(Beechy 1831: opp. p.142, opp. p.178; Hiroa 1938: 182; Gell 1993: Fig. 5.1)。

一九三四年に人類学者のバックが訪れる以前にガンビエの記録を書き残したのは、聖心会の宣教師たちだった。私たちは文化と社会の破壊を主導したラヴァル神父が書いた民族誌と手記を読み、失われたガンビエについて知ることができる。同時代のギヨーの手記と並べて読んだ時に明らかなように、ラヴァル神父の手記は、身体的な活動と感覚に対する偏見と嫌悪に満ちている。

私は無知の発展について考える時、レヴィ＝ストロースが一九三六年一月から二月にかけてボロロの村で見い出した構造と感覚の舞踏劇を思い返していた。レヴィ＝ストロースは『悲しき熱帯』の二十二章「善い野蛮人たち」で、村の空間的な構造を概観し、そこで営まれた社会的なやりとりを通して組織が作られてゆく感覚に思いを馳せ、この重要性を知ったサレジオ会の宣教師たちは民族誌的な記録を残し、村の配置を徹底的に破壊したと記している(Lévi-Strauss 1936; 1955: 223-238)。

レヴィ＝ストロースが一九三六年のボロロ論文のために描いたケジャラ村の図を見ると、円の中心に男たちが集まる大きな建物があり、円周上に女たちの家々が並んでいる。かつては円形だった小屋は、ブラジル風の長方形の家に置き換えられている。女たちの家々は、この円を南半分と北半分に切る水平の線によって二つの半族に分割され、この線と並行して流れているらしいリオ・ヴェルメーリョの川上と川下の方向を使い、円を垂直に分割する氏族の境界線が描かれている。この配置の中の感覚、あるいは志向性について付け足しておく。車輪の形をした村は、南北の半族からなり、一方の半族の家に生まれた男は、成人すると生まれた家を出て反対側の半族の家の女と暮らす。女は生まれた家に留まる。レヴィ＝ストロースがブルデューを先取りするようにして、構造から生まれ、図式を辿りながら構造を作ってゆく感覚について書いた箇所を引用しよう。

男の家の周りに小屋を環状に配置することは、社会生活や儀礼の慣行にとって、極めて重要な意味をもっているので、ダス・ガルサス河地方のサレジオ会の宣教師たちは、ボロロ族を改宗させるのに最も確かな遣り方は、彼らの集落を放棄させ、家が真っ直ぐ並行に並んでいるような別の集落にすることにある、ということを直ぐに理解した。先住民たちは、東西南北の方位についても感覚が混乱し、彼らの知識の寄りどころとなる村の形を奪われて、急速に仕来りの感覚を失っていった。それは、まるで、彼らの社会組織と宗教組織〔…〕があまり複雑なので、集落の配置によって顕在化されている図式なしには済まされず、彼らの日々の行いが図式の輪郭を果てしなく擦《なぞ》っては蘇らせている、とでもいうようだ（レヴィ＝ストロース 2001: 49）。

このボロロの研究のおかげで、レヴィ＝ストロースは一九四一年にナチ占領下のフランスからアメリカへ逃れることができたと話している (Lévi-Strauss et Éribon 2001: 40)。このボロロの章にはもう一つ興味深いことがある。「宣教師たちは〔…〕卓越した民族誌的な調査を行い (もっと古いカール・フォン・デン・シュタイネンの研究の後、それらは我々にとってボロロに関するより良い資料である)、そして先住民の文化を組織的に絶滅させる計画を同時に推進したのである」(Lévi-Strauss 1955: 224)。

カール・フォン・デン・シュタイネン。破壊される前のボロロの民族誌的な記録を残したこのドイツの人類学者は、マルケサスのイレズミを網羅的に記録した。シュタイネンが一八九七年から一八九八年にかけて収集したイレズミの集成体は、一九二五年から一九二八年にかけて『マルケサス人たちと彼らの芸術』全三巻として出版された。ジェルが『芸術のエージェンシー』で、人形《ひとがた》の基本モチーフの転形に着目し、図式の転写とデザインの発展を辿り、文化の様式を問題にした八章「様式と文化」は、シュタイネンが残したこの集成体によって可能となった。デュシャンの全作品《ウーヴル》を含む複数の集成体を取り上げて、それを生んだ心へ至ろうと試みた九章「拡張した心」も、これなしには書けなかった (Gell 1998)。そしてオヴェアも、シュタイネンが残したマルケサスのイレズミの記録がなければ、エトゥアで体を包まれたティキとなることはなかった。マルケサスではエトゥアを転形させながら多様なティキを生み出した「拡張した心」は失われたが、シュタイネンが記録に残したマルケサス芸術の集成体から、イレズミが複製されてゆく。

マリアは、タヒチと島々博物館で展示されたヴァティカン所蔵のマンガレヴァの神を、ティキと呼んだ。それはトゥのティキだった。トゥはポリネシアの他の地域、例えばマオリの世界では至高神で戦争の神だが、ガンビエではパンノキの神だ。トゥは新しい分業の中でその存在意義を失った力能の神だった。二〇一六年にタヒチで展示されたローマのティキは、一八三六年に聖心会がヴァティカンに贈った戦利品《トロフェ》だ。キュレイターと見物人、高等弁務官と島嶼人、司教と信徒、医者と患者、司令官と兵士、独立と従属、核弾頭と核実験場。全ては世界中に無数のちっぽけな周縁を出現させているこの特権的な制度の中の同じ類の分業だ。

Ⅶ

人間と社会と自然

1　成り行きを顧みない二つの合理性

一九四四年八月二〇日。上陸作戦の二カ月半後、ド・ゴールは連合国の許可を得てから、ノルマンディに上陸すると、直ちにアイゼンハワーの最高司令部があるレンヌに向かった。ド・ゴールはその前にもノルマンディに来ていた。上陸作戦が行われた六月六日の翌朝、英国軍はドイツ兵が消えたバイユーに無抵抗で入ることができた。だから街並みはそのままだった。カーンではその後も激しい戦闘がつづいた（内山田 2019: 43–48）。六月一四日にド・ゴールはバイユーを訪れて通りを歩いた。彼には率いる軍隊がなかった。彼は英国軍の後ろから来たのだ。パリで解放者のように振る舞うためには、軍隊と一緒にパリに入城する必要がある。だが、アイゼンハワーは軍事的な観点からパリを迂回して兵力を東に移動させるつもりだった。翌日、ド・ゴールは最高司令官に手紙を書き、パリの混乱を収拾するためには連合国の介入が必要だと再度訴えた。八月二六日、ド・ゴールは配下にない第二機甲師団を率いるようにしてシャンゼリゼをゆっくりと歩き、熱狂的に迎えられた。計算された振り付けは見事だった。しかし彼はヤルタにもポツダムに呼ばれず、自分の無力さを思い知らされた（Jackson 2018: 323–366）。だから力能を手にして独立したいのだ。

一九六八年五月。パリ五区のヴァル・ド・グラース陸軍病院に入院していたジャクリーヌは、あちこちで煙が上るのを見た。そこは占拠されたソルボンヌの南。五月革命はド・ゴール将軍の権力を揺るがせたが、彼は最後に巻き返した。ジャクリーヌにとってそれは、蜂起、煙、恐怖だった。彼女は遠くから見ただけなのだろう。煙だけがリアルだった。多様な語りや祝祭の要素が繰り広げられたことは知らない。彼女の関心事は、五歳になる息子のジャン＝パスカルの養家から連絡があり、彼の目に何かができてタヒチに搬送されたことだった。ジャクリーヌはパペエテに向かい、子供をヴァイアミ病院に連れて行くと、目を摘出するというのでそれを拒否してマンガレヴァに連れて帰った。彼女はリキテアでシェルターに一度だけ入ったことがあった。一九六八年八月二四日のカノピュス（竜骨座α星）、あるいは九月八日のプロキオン（子犬座α星）と命名された大規模な水爆実験のいずれかの時だろう。翌年ジャクリーヌはタヒチに搬送され、一八四八年から一九九五年まで存在していたヴァイアミ病院に一年間入院した。（それは海軍病院として開設され、後にゴーギャンが梅毒の治療のために通院し、自殺未遂の後で入院した植民地の病院だったが、マンガレヴァの人たちが言うには、この病院が閉鎖されて、ピレに近代的なタアオネ病院が建てられた時、被ばくによる疾患で治療を受けたり亡くなったりした人々の記録は破棄され、賠償の請求は困難になってしまった。）ジャン＝パスカルは一九七〇年にニュージーランドで目の手術を受け、水晶体の一部を削り取り、視力が少し回復した。手術を担当した医師は、ジャクリーヌがガンビエから来たと聞くと、「核！」としか言わなかったと彼女は回想している（Barrillot 2013: 3–6）。

ニュージーランドの人々はフランスがポリネシアで行った核実験に関心を抱いた。パリの人々は別の問題に熱中していた。南太平洋の核実験は遠い場所の出来事で、その影響の妥当性は薄い。学生と労働者と知識人が厚く共有し、あるいは激しく対立したモラリティは、ポリネシアとの関係においては薄い（cf. Walzer 1994）。これは先に私が挙げた、高等弁務官と島嶼人、独立と従属、核弾頭と核実験場、などの非対称的な分業と関係がある。五月革命は、ド・ゴールの強権政治、ヴェトナム戦争、連帯の多様な姿を見せたが（西川 2011）、それはあの革命の記憶が息づくパリの革命であり、それがフランスとポリネシアの非対称性を変えることはなかった。フランスの大統領が、中道であれ、左翼であれ、ド・ゴール派であれ、核実験はその後もずっとつづいたのだ。革命は幻想だ。シモーヌ・ヴェイユは死後に『重力と恩寵』として出版されるノートにそう書きつけた。暴力の被害者は、変革に陶酔し、悪を受け継ぎ、虐待者となって転落する（Weil 1947: 199）。ヴェイエがこれを書いた時、フランスは解放されていなかったし、イスラエルは存在していなかった。

バリヨらが編纂した核実験の影響に関する調査委員会の報告書のサブタイトルが「国家の独立とポリネシアの従属」だったことを覚えているだろう。国家の独立は、ド・ゴールにとって重要課題であり、その手段が核兵器だった（Le Monde 1965.12.14）。フランスの進歩と独立と安全のために、アルジェリアとポリネシアで核実験が行われた。核実験が行われた側からフランスの栄光を見たら、この階層的な配置の矛盾は繕いようがない。植民地の人々は常に従属する仕掛けになっている。この従属の代償は核実験が約束した進歩だった（Le Monde 1966.9.10）。その代償は何？　メトロポリスに従属して危険との交換で進歩の分け前を貰う生活の代償は何？

結論を先取りしておこう。これは国家理性と呼ばれる国家の利益のための目的論的な合理性（マイネッケ 1976）、さらには利益を追求する資本主義の合理性と関わっている（Stengers 2015）。前者は主権権力の目的遂行のために、法や倫理を逸脱する。アガンベンはこれを例外状態と呼ぶ（Agamben 1998; 2005）。主権権力にとって、例外状態は自然状態であり、これを可能にしているのが例外的な力能、すなわち敵を消滅させる破壊力、その破壊力をもった主権者による例外の決定だ。この力能は政治を不可能にする。だから例外状態なのだが、これが自然状態であることが、どれほど恐ろしいことか容易に想像できるだろう。後者は生物圏のホメオスタシスから隔絶した市場メカニズムに従ってどこまでも働く。これらの合理性はそれぞれのバブルの中で移り変わる多様な目的を追い求めるが、その成り行きや影響は顧みない。それが本性なのだ。手に負えない成り行きは、人間の生存の条件であり、カタストロフが起きている地球に放置する。できるだけ遠くに。しかしそれが帰ってきて生の過程にフィードバックする。それは人間の世界に侵入して相互作用するだけでなく、生命としての人間存在の条件である生物圏を変えてしまう。繰り返し使われて放棄された核実験場、環境の中に捨てられた放射性廃棄物、進行する地球環境の破壊の一端を見ればこのことは明らかだ。しかし今はより小さな記述をしよう。

バリヨが編集した『爆弾の証言者たち』には、歴史学者のジャン＝マルク・レニョによる興味深い逸話が含まれる。だからこの本はフランスで売られていないのかもしれない。その興味深い逸話とは、再三の請求にもかかわらずフランス軍の「CEPの配置 1957–1964」というタイトルの秘密文書が開示されない事実、そして（ド・ゴール将軍がフランスの大統領になる直前に首相に就任した）一九五八年に、ポリネシア選出の国会議員であり、主権を取り戻そうと活動していた独立派のポウヴァナア・ア・オオパが、パペエテで起きた火事の放火犯として逮捕され、彼は一貫して犯行を否認したが本国《メトロポール》で投獄され、ポリネシアの政治の舞台から遠ざけられた事件だ（Barrillot 2013: 52–55; Regnault 2016）。おそらくそれは一九五七年に始まっていた。

ポウヴァナアは一九七七年に亡くなり、二〇一八年に名誉が回復された。ポリネシアにCEPを設立して核実験を行う目的を果たした国家の観点に立つと、独立派の政治家を放火犯にでっち上げてフランスで投獄した逸脱は、国家理性に適った活動だ。逮捕の六十年後に、逮捕も有罪判決も間違っていたと認めても、国家は必要な核実験をすでに終え、核兵器開発はそのデータを使って別の方法で進めている。その時の国家の目的を妨げる者たちを排除し、国家理性の犠牲者たちが死んでから名誉を回復し、それによって君主／主権者の誠実さを証明して潜在的な不満を除去する。この国家は反対者たちの暗殺までしている。

『君主論』から引用しよう。「ある政体を奪い取るにあたって、これを占領する者は、なすべき必要な攻撃のすべてを仔細に検討しておかねばならないし、また毎日、同じことを繰り返さないために、すべてを一挙に実行に移して、その後は繰り返さないことによって人びとを安心させ、かつ恩恵を施しつつ彼らを手懐《てなず》けるようでなければならない」（マキアヴェッリ 1998［1532］: 71）。日本を例に挙げるならば、焼夷弾を使った都市の無差別爆撃、広島と長崎の原爆地獄、チョコレートやチューインガムをくれたジープのアメリカ兵たちのかっこよさ、それにつづくアメリカと行動を共にする政府の戦略が思い出されるだろう。

フランス領ポリネシアが一九八四年に自治権を与えられた後、長く大統領の座にあったマンガレヴァ出身のガストン・フロスは、本国《メトロポール》の主権権力に手懐けられた政治家だ。核実験の影響に関する調査委員会の代表として証言を集め、関連する文書を収集し、フランス政府の責任を追及する道を開いたバリヨは、『爆弾の証言者たち』が出版された二〇一三年にフロスによって解任された。フロスはマンガレヴァにたくさんの親族がいて、核実験は有益だったと話した一人を除き、人々は彼について話すことを避けていた。多くを語らないカノピュスの母は、前の生活が良かった、と言うだけだった。しかし核実験は行われた。核兵器の開発はつづき、その知識と技術はゆっくり拡散している。拒否権という特権をもつ国連安全保障理事会の常任理事国は、全てが核保有国だ。そして国連安全保障理事会の決定は強制力をもつ。私は外務省の官僚たちの下で働いていた一九九〇年代後半、彼らが先進国が集まるＯＥＣＤを重視し、国連は第三世界の集まりだと揶揄するのを聞いた（Uchiyamada 2004）。国連総会の決定は強制力をもたない。彼らはアメリカに次ぐ経済大国だった日本が、国連安全保障理事会の常任理事国となるために活動していた。それは実現しなかった。国連安全保障理事会の常任理事国が核兵器をもつ軍事大国であり第二次世界大戦の戦勝国であることの真意は何だろう。それはカール・シュミットが『政治神学』の冒頭で「主権者とは例外〔例外状態／非常事態〕を決定する人である」と書いたことと関係がある（Schmitt 2005 [1922]: 5）。最後の審判の前に、「誰が審判するのか？」「誰が解釈するのか？」これは戦後に牢獄から出てきたシュミットの至高性／主権に関わる神学的な問いだった（Schmitt 2008 [1970]: 115）。暴力と主権が連なっている。しかし私は終わりのない主権者ゲームに付き合うつもりはない。私たちには異なる性質の潜在性があるからだ。

バリヨは、二〇〇五年に彼を調査委員会の代表に任命した独立派のオスカー・テマルによって、亡くなる前年の二〇一六年八月に調査委員会の代表に復帰し、二〇一七年に『爆弾の証言者たち』が再版された。核実験のためにポウヴァナアを政治的に抹殺した国家から見れば、バリヨの『爆弾の証言者たち』は海外領土の独立派の政治パンフレットだが、証言者たちはそれ以上のことを語る。そこはポリネシア。私たちは、時に国家理性に誘導され、資本主義のロジックに追い立てられるが、同時に社会（社会的な関わりの担い手）であり、自然（自然に開かれた共生体）なのだから。

2　その雲の下で眠るしかなかったのです

核実験ベテルギウスの視察に来たド・ゴールは、一九六六年九月七日にパペエテで演説した。ポウヴァナアはいない。「ポリネシアが、大国《ピュイサンス》フランスに抑止力を与えることが目的の、この偉大な、この偉大な組織の本拠地となることを喜んで受け入れたことは事実であり、それは危険な世界の中で、全ての人に、我々に平和を与えることができる。与えなくてはならない。そうなのだ。その上、あえて言えば、補償がある。このセンターの整備に伴う発展は輝いている。これにつづくものもそれに劣らないだろう」(ina.fr 1966.9.16)。ド・ゴールが列挙した核実験場の補償は、道路と水道と飛行場だった。

その後に起きたことを一つだけ付け加えておく。核実験に使われた航空機の洗浄が行われたハオの基地をフランス軍が取り壊した後、そのガレキを使ってマンガレヴァの道路建設が行われた。ジエリー・グディングによると、二〇一六年一〇月にハオのガレキが二度目に運ばれてきた時、193のメンバーたちが波止場で陸揚げを阻止したために工事は中断した。これについて、イヴはハオのガレキは科学的には問題がないと私に言った。「科学的には」とは、国家がパトロンの本国《メトロポール》の科学のことだ。その科学は国家理性に奉仕し、この場合のように、やっかいな放射性廃棄物を近代化を促進する人工物に紛れ込ませて処理する時も、その安全を約束する時にも使われる。この放射能で汚染したガレキを使った道路建設は補償の悪用、そして日常が覆い隠す非常事態の一部分だったが、フランスの市民科学者のNGOであるCRIIRADが調査を行って明るみに出されていたら、マンガレヴァの193が工事を阻止した。バリヨが八月に調査委員会の代表に復帰していなかったら、汚染したガレキを処理するこの道路建設は、核実験の返礼としてそのまま進められていただろう。

さて、ベテルギウスは一九六六年九月九日に予定されていたが、技術的な問題のために一一日に延期された。巡洋艦ド・グラースから核爆発を見たド・ゴールは「これはすごい！《セ・マニフィク》」と叫んだ。ミサイルに搭載する核弾頭MR31の実験は成功した（Barrillot 2009b: 3）。後にキノコ雲の写真を配られ、「きれい！《セ・ジョリ》」と言わされたポリネシア人とは与えられた文脈が異なる。前者は核弾頭、後者はキノコ雲が鑑賞の対象物だ。ジャクリーヌによると、マンガレヴァではド・ゴールを歓迎する準備が進められていた。

ある日、爆弾を爆発させた後で、どれなのかわからないけれど、私はド・ゴール将軍がボタンを押したと思う。その後で、盛大な饗宴がリキテアで催されることになっていました。彼はとても大きな男の人なので、司祭がマダム・ゴラズのベッドは「キングサイズ」だと話したので、それがド・ゴール将軍が寝ることのできる唯一のベッドだったので、誰かが私に会いにきました。それで私は、家もその他のものも明け渡しました。ベッドを綺麗にして。そして夜になって地域の人たちと一緒に盛人な饗宴を行うつもりで九時まで待っていたけれど、誰も来ませんでした。それで私は憲兵に言いました。「どうしたの？　私の招待客は？　彼はどこ？」「ああ、彼は来ることができなかった。彼はパリで急な会合があって帰る必要があった」。〔…〕何年か過ぎて私はいくつかの文書を見て彼がガンビエに来ることを拒んだ理由を知りました。彼は自分が眠ることになっていたガンビエの方へ向かった雲を避けたのです。〔…〕私たちはその雲の下で眠るしかなかったのです。マンガレヴァの全ての人たちは。私たちは騙され、私たちは愚弄され、私たちは嘘をつかれたのです（Barrillot 2013: 5–6）。

ド・ゴールのベッドを探したのはダニエル神父だった。彼はラヴァル神父とはやり方が異なっていたが、マンガレヴァの道徳的な権威だった。憲兵隊長だったクルネーによると、島の人たちは「もしきみが神父に従わなかったなら、きみは罪を犯す。きみは神に背く！」と言った。ド・グラース号が島に来ると、ダニエル神父がまず乗り込んだ。彼はフランスのためにガンビエの情報を収集する「諜報部員」だった（*ibid.*: 10）。ここの政治は非宗教《ライシテ》ではないのだ。

先に私は、キュレイターと見物人から核弾頭と核実験場まで、分業の対を並べた。これはシモーヌ・ヴェイユが、生存の諸条件との関係において、自由と抑圧のテーマで議論した問題だった。強力な武力は分業の中に特権を生み、自然からの自由は人間による人間の支配を強める（Weil 1955 [1934]）。だから私たちは進歩について考え直さなければならない。考えるために（そう、考えるためにだ）、反歴史的な進化モデルを二つ取り上げよう。

レヴィ＝ストロースは『悲しき熱帯』の十六章「市場」で、映画の移動撮影をするように視線をアマゾンからインドへ移動させて、熱帯雨林に人間の原初の自由を、カーストに人間の未来の隷属を見い出す。文明の発展の過程で人間は自由の余地を失い、隷従を深化させた。それが人間の進歩の歴史だ（Lévi-Strauss 1955: 143–151）。この考えは、ルイ・デュモンを苛立たせたに違いない。しかし私たちはこの未来のイメージを着想させた関係的な進化のロジックを受け止め、文明の進歩の行方を周縁の周縁から再度考えよう。レヴィ＝ストロースは、狩猟採集、農耕、産業、という我々にとっては当然に思われる発展の段階とは別の過程を見ていた。人間による人間と自然の支配の強化、支配の細分化、悲惨の深化、エントロピーの増大、これらを軸に、まるで歴史の外から移動撮影をするようにして、文明の進歩の行方を見たのだ。文明の進歩は、人間の抑圧を細密化させる過程だった。その変化の方向性は、大都市の外に広がる後背地のさらに周縁、後退してゆく熱帯雨林の境界、放射能で汚染したビキニやマラリンガやモルロアその他の核実験場跡、砲弾に追い立てられてゆくパレスチナ難民のキャンプ跡から、よりよく見えるだろう。

スピノザは未完の『政治論』の八章十二節において、人間の政体は、もろもろの民主国家から貴族国家へ、それらが君主国家へと変わると議論した（Spinoza 2015［1677］: 206–207）。政治への参加は、多数から始まり、少数を経て、一人になる。民主国家の記述は未完に終わったが、スピノザは全ての人が国民としての権利をもち、全ての人があらゆる自然物を生起させる自然権にしたがう国家を想定していたと思われる。最初に民主国家があった。それは専制政体へ向かう。

上述したレヴィ＝ストロース、そしてピエール・クラストルの『国家に抗する社会』にも（Clastres 1974）、共通する問題意識がある。政治に関してはマキャヴェリストだったスピノザは、一章六節において、国家の徳は安全だと書いた。「国家の安全にとっては、いかなる精神によって人間が正しい政治へ導かれるかということはたいして問題ではない。要はただ正しい政治が行われさえすればよいのである。なぜなら、精神の自由あるいは強さは個人としての徳であるが、国家の徳はこれに反して安全の中にのみ存するからである」（スピノザ 1940: 16; Spinoza 2015: 93）。なんという洞察だろう。国家は政体の安全を何よりも追求する。人間の自由と国家の安全とは別のものだ。アーレントと共に考えるならば、それは政治の終わりでもある。なぜなら「政治の意味は自由である」からだ

(Arendt 2005: 108)。だからスピノザは、自己を保持するために、政治論ではなく存在の必然のロジック、神即自然において思索しなければならなかった。

文明の進歩に頼り、市場メカニズムに頼り、国家理性に頼って自由になろうとしても、本性上それは無理なのだ。私の問題は単純だ。私たちが人工物から構成されていることを忘れずに、私が自然であることを発見すること。私たちが自然の諸活動が入り込んだ社会的な関わり合いから構成されていることを知ること。そして最終的に、市場ではなく、国家でもなく、地球に居場所を見つけること。それを小さなスケールで、両生類のように試みること。文明の進歩が自由の余地を奪うからだ。

早朝、小屋からラグーンを見ていると、船外機を付けた小さなボートたちが行き来を始める。彼らはもう遠洋航海者ではない。私は小屋のテラスでイェイツの詩を読み、「三人の隠者たち」(1913)の三人目の佇まいに、おやと思った。私はバックの『マンガレヴァの民族学』を読み、戦いに負けた戦士たちが外洋カヌーで島を出て行く伝承を知り、おやと思った。両者は歴史の弁証法の外で生きる人間の可能性を示唆していた。彼らは、『知覚の現象学』終章「自由」の最後にメルロ＝ポンティが引用した、仲間たちのために戦うサン＝テグジュペリの操縦士のような英雄ではない(Metrleau-Ponty 1945: 520)。戦う操縦士たちをフランスの英雄にしたのは、連合国の勝利だった。強いドイツに支配され、より強いアメリカについて行ったフランスのレジスタンス。そのアメリカだけが原子爆弾を完成させ、その圧倒的な破壊力を実演してみせたのだ。この力能の自由とは対照的に、三人目の隠者と外洋に出る戦士は、歴史から離れ、より自然に近く、より死に近く、より自由だ。「三人の隠者たち」のあらましを記しておく。

三人の隠者が冷たく寂しい海に旅に出た。一人目は祈り、二人目は蚤を取っている。高齢のために霊が乗り移ったような三人目は、岩の上で人知れず鳥のように歌った。死が近づいて祈らねばならない時に、私は三度も眠ってしまった。祈っていた一人目に代わり、二人目が次のように言った。我々の考えと行いがそれに相応しい報いを受けるのだ。一人目がうめいた。彼らは最も恐ろしい姿となる。二人目がこのうめきを馬鹿にして言った。神を一度愛したからには、おそらく詩人か王の姿になるかもしれない。あるいは気の利いた美しい婦人に。二人目がぼろと髪の毛をひっくり返して蚤を取って潰す間に、三人目は人知れず鳥のように歌った（Yeats 1996: 42–43）。

マンガレヴァの伝承によると、戦争の勝者は、敗者のパンノキを切り倒して土地を再分配した。敗者は喰われる前に新たな島を探して海に出た。敵が島を出ることを許した時は、航海の準備をしてから海に出た。山や環礁の小島に逃げた者たちを、彼らを仕留めて喰らう人々が追ってきた。敗者のうちで島に住むことを許された者たちは下層民になった（Hiroa 1938:147–149, 164）。環礁の中の限られた土地の上に、傲慢と復讐と屈折が渦巻く流動的な階層性が現れた。他方、ポリネシアの外洋には生と死の可能性が広がっていた。

悲観と楽観。二人の隠者は歴史の終末を弁証法的に生きる。三人目はそれから外れて鳥のように歌った。敗者が海に出て行くマンガレヴァの伝承は、ポリネシア人たちが移動した遠洋航海の長い連鎖を想像させる。突然そこにウォリス、ブーガンヴィル、クックの船が連続して現れた。その海で核実験が行われた。鳥のように歌う隠者は、帝国の植民地となったアイルランドで、内的なコロニーに生きる可能性を体現し、自然が人間の世界に侵入してくることを徴しているようだ。人間が最後に到達したポリネシアでは、敗者が外洋に出て新たなコロニーを探す余地は失われた。組織の利益のために、余裕を削って生産性を上げる体制のルーティンは、人間と地球の破壊を顧みない。その活動によって増大するエントロピーは市場の外部にあるからだ。核実験や放射性廃棄物の投棄はメトロポリスから遠く離れた周縁の自然の中で行われた。核分裂生成物を人間が住む環境で循環できないからだ。そこに人間が住んでいる。そこで放射性廃棄物と人々が出会ってしまう。

エピローグ

第二次世界大戦を生き延びることができなかったベンヤミンは、友人に託した原稿に次のように書いた。「抑圧された者たちの伝統が、私たちが生きる〈非常事態〉が例外ではなく規則であることを、私たちに教えてくれる」（Benjamin 1992: 248）。それを語り継ぐのは、抑圧された者たち。私の行き先は明白だった。

二〇一一年の福島の原発事故に際して国家が宣言した「原子力緊急事態」という非常事態は、まるで忘れ去られたように解除されない。例外は続く。メルトダウンした三つの原子炉の廃炉ができないまま、その原子力発電所から北西に延びたプルームの下の山間部と山々が除染されないまま、原子力発電所も再処理工場も、新しい「GX」（緑の転換）の衣を纏って動きつづける。不気味なことが起きている。介在するのは、非常事態を規則に見せるまやかしだ。まやかしたちは発電のコストとCO^2に言及するが、予想される廃炉の遅れと増大するコスト、高レヴェルの放射性廃棄物の毒性と危険性、核のごみの最終処分場の不在、そして何よりも、核開発と原子力開発の緊密な関係について沈黙している。いつでも時間を稼ごうとしている。まやかしたちのスクリーンの背後では、巨大かつ微細なスケールのマキネイションが動いている（内山田 2021b）。

過去にした何かの応報が現れることを、英語で《comeuppance》という。これは「当然の報い」と翻訳されるが、「やってくるもの」のニュアンスが消えてしまうので、カムアッパンスとしておこう。国家は、核開発／原子力開発のマキネイションを動かしているつもりで、これに突き動かされている。これを止めようとしない私たちにやってくるものは何か？

「ふさわしくない権力を渇望した私たちの中のある者たちに助けられ〔…〕」（Spitz 2015: 18）。フランス政府は、独立派の国会議員だったポウヴァナアを放火犯に仕立て上げて本国《メトロポール》で投獄した後、協力的なポリネシア人たちに下々の仕事を与えて百九十三回の核実験を三十年間つづけた。そのカムアッパンスの小さな部分について、その前史から私は記述を試みた。この共犯関係は、日本でも社会的な関わり合いの中に深く入り込んでいる。原子力発電所も、再処理工場も、最終処分場も、手引きをする人たちが大小の利益を与えられ、それぞれの地元で蠢いている。成り行きについては誰も

Manner of catching fish by the spring-hook (Stedman 1796: opp. p. 228)

考えない。そうして入れ子が反復する。餌だけ食って逃げようとしている人たちがいる。諦めた人たちもいる。私はある映像を何度も思い出す。それはインドのナルマダ渓谷でダムの建設現場で石を運ぶ痩せた男たちと女たちの姿だ。トライバルたちは労働者として雇われて現金を手にした。ダムが完成した時、長きにわたって生きてきた周囲世界が、意味を与えてくれた多様なものたちや神々や祖先たちや精霊たちと一緒に、水没した。晩年のアルフレッド・ジェルは、罠／芸術作品について、ある洒脱な論文「ヴォーゲルの網――罠は芸術作品そして芸術作品は罠」を書いた (Gell 1996)。

これは南米のスリナムで使われていた魚を捕まえる罠の図だ。Aは仕掛けられた罠の外観とその仕組みを、Bは罠が獲物を捕らえた状態を示す。私はこの罠／芸術作品の論文を「芸術作品の仕事――ジェルの反美学的アブダクションとデュシャンの分配されたパーソン」の中で取り上げたが、最後に登場するこの魔術的なカムアッパンスには言及しなかった (内山田 2008b)。

河の水の中に弾力性のある大きな竿を立て、先端近くに長さの異なる二本の紐を結びつける。短い方の先端はトリガーとして使われる棒の中央に結ばれる。長い方の先端には釣り針がつけられる。竿を曲げて力をため、片方の紐の先端に取り付けたトリガーを、水上に突き出た二本の柱に固定した二本の横木に引っ掛け、もう片方の紐の先端の釣り針に小さな魚がつけられる。魚が餌を食らって逃げようとして紐を引くと、トリガーが外れ、竿が元に戻る弾性力によって、世界は反転し、魚は水上に跳ね上げられる (Stedman 1796: 228)。

ジェルは、中等学校から大学まで一緒だった親友のスティーヴン・ヒュー＝ジョーンズから、スリナムの隣国のコロンビアのバラサナたちの間では、これと同じ種類の罠が「魚を果実に変える」仕掛けだと聞き、平凡に見えていたこの罠が、どれほど機知に富んだ形而上学的かつ魔術的な仕掛けであるのかを理解した。この罠は、魚の王国で自由に泳いでいた魚を、一瞬のうちに木からぶら下がる果実に転換するマキネイションだ。ジェルはこのカムアッパンスを《 come-uppance 》と表記して、ハイフンで切られて繋がれたこの語に、「巡り来る上がってくるもの」のニュアンスを籠めた (Gell 1996: 32)。

ここに罠のパラドクスが示されている。一方に生存を奪う力能をもつハンターがいて、他方にこの力能を行使される獲物がいるのではない。罠が動き出す時、被害者と加害者が協働するのだ。獲物が水面下で有頂天になった瞬間、思ってもいなかったことがやってくる。それがカムアッパンスだ。事後的に思い返すと全ては繋がっている。抜け目のないハンターたちは、この時間の構造を熟知している。罠の外のより大きなマキネイションの時間性には気づいていなくても。罠を仕掛ける彼らは、自分たちがこのマキネイションによって働かされていることを考えない。その問いを問わないからだ。他方、もっけの幸いで我を忘れた獲物たちは、瞬時に発生する周囲世界の変化に気づくのが遅れる。魚を果実に変えるテクノロジーにおいて、芸術の人類学と政治の人類学が交叉する。私は二〇二三年六月二九日から七月二日まで、長崎県の対馬を訪れた。対馬では商工会が核のごみの最終処分場の文献調査を誘致する請願書を市議会に提出した直後だった。文献調査に応募すると二年間で二十億円の交付金が貰える。だから文献調査だけやって食い逃げしようと考える小さなボスたちがいる。そうして餌に食らいついた魚たちが、次々と罠を作動させるだろう。この装置が動き始めたら、非常事態が規則になる。自分たちの世界で自由に泳いでいた魚は、思いがけないご馳走にありつき、気がつくと、別の世界で木からぶら下がる果実になっている。果実を魚に戻す魔法はない。

今、私は今どんな仕掛けを動かそうとしているのか？　そこにそれを配置したハンターの目で自分たちを見るならば、そこからつづく仕掛けの一端が見えるだろう。自由であるならば、その前に問うのだ。耳を澄ませて聞くのだ。よく見るのだ。抑圧された者たちの伝統を思い出すのだ。別の道があるはずだ。

「抑圧された者たちの伝統が、私たちが生きる〈非常事態〉が例外ではなく規則であることを、私たちに教えてくれる」(Benjamin 1992: 248)。私は（ハリー・ゾンが英訳した）ベンヤミンの「歴史の概念について」のテーゼⅧの最初の部分を反復した。この英訳はそれにつづく部分（「ファシズムに敵対する者たちが進歩を歴史の規範と見なし、この進歩の名においてファシズムに対抗していることに、」の部分）があいまいだったので、私はそれ以下を引用しなかった。私は本書の校正を終える直前に、今村仁司『ベンヤミン「歴史哲学テーゼ」精読』（2000）に挿入された野村修の訳を知り（ベンヤミン 2000）、さらにより明瞭な浅井健二郎の訳を知った（ベンヤミン 1995）。だからその先を読んでみよう。その前に、ミシェル・レヴィによる「歴史の概念について」の解釈の中に引用されたテーゼⅧの最初の部分を提示しておく。（レヴィのフランス語訳でも、やはりあいまいだったそれ以下の部分が修正されている。）「抑圧された者たちの伝統が、私たちが生きる〈例外状態〉が規則であることを教えてくれる」（Löwy 2014: 108）。この部分に対応する原文は以下の通り。Die Tradition der Unterdrückten belehrt uns darüber, daß der »Ausnahmezustand«, in dem wir leben, die Regel ist (Benjamin 2003: 11). 中心概念の»Ausnahmezustand« をレヴィは « état d'exception » すなわち〈例外状態〉と訳している。これが規則（Regel）なのだ。すでに述べたように、Ausnahmezustand は例外状態／非常事態を意味する。

　抑圧された者たちの伝統は、私たちが生きている〈非常事態〉が実は通常の状態なのだと、私たちに教えている。この教えに適《かな》った歴史の概念を、私たちは手に入れなければならない。それを手にしたときこそ、私たちの課題として、真の非常事態を出前させるということが、私たちの念頭にありありと浮かんでいるだろう。そしてそれによって、反ファシズム闘争における私たちの立場は改善されるだろう。ファシズムに敵対する者たちが進歩を歴史の規範と見なし、この進歩の名においてファシズムに対抗していることに、とりわけこのことに、ファシズムにとってのチャンスがあるからだ。――私たちがいま体験しつつあるもろもろが二十世紀においても〈まだ〉可能なのか、といった驚きは哲学的な驚きではない。そうした驚きは認識の発端となるものではないのだ。もっともこの驚きが、その本《もと》にある歴史観そのものにそもそも根拠がない、という認識の発端になりでもするのなら、また話は別だが（ベンヤミン 1995: 652）。

ベンヤミンがこれを書いたのは一九四〇年二月から四月か五月にかけてのことだったから、彼がその中に生きていた〈例外状態／非常事態〉は、ナチ・ドイツがすでにポーランドを占領し、フランスは間もなく占領され、ヴィシー政権は、ナチズムの執行者となる。この〈例外状態／非常事態〉にカッコがついているのは、これが例外ではなく、規則あるいは習わしであることを示している。このことを認識するためには、前提を変えなければならない。身近な例を一つ挙げる。福島の原発事故は〈例外状態／非常事態〉だ。つまり核開発／原子力開発を推進する進歩の歴史が通常であるならば、原発事故は例外に見えるだろう。だがそうではない。核開発／原子力開発に突き進むこの歴史が、歴史の規範（historischen Norm）としての進歩の名において推進されるこれらの出来事たちの歴史の方が、実は例外なのだ。

ベンヤミンは、シュミットの主権者の例外性のテーゼを反転させた。すなわち「歴史の概念について」のテーゼⅧとテーゼⅨにおいて、進歩の歴史という規範とそこで起こる例外状態を反転させたのだ。ベンヤミンは、例外が日常であるところの抑圧された者たちの伝統から、進歩という歴史の規範を問い直した。そして真の例外状態／非常事態を生み出さなければならないと言う。ファシズムは例外ではない。だが、ファシズムの敵対者たちは、進歩の名においてこれに対抗している。だからファシズムに勝機があるのだ。進歩について考えるためには、進歩のマキネイションから離れ、その境界で考えることが必要だ。テーゼIXにおいて、ベンヤミンは「歴史の天使」の姿を素描した。翼を広げて目を見開き口を開けた天使は、過去に顔を向け、一つのカタストロフが瓦礫を積み重ねてゆくのを見る。

> 〔…〕私たちの眼には出来事の連鎖が立ち現われてくるところに、彼はただひとつの破局《カタストローフ》だけを見るのだ。その破局はひっきりなしに瓦礫のうえに瓦礫を積み重ねて、それを彼の足元に投げつけている。きっと彼は、なろうことならそこにとどまり、死者たちを目覚めさせ、破壊されたものを寄せ集めて繋ぎ合わせたいのだろう。ところが楽園から嵐が吹きつけていて、それが彼の翼にはらまれ、あまりの激しさに天使はもはや翼を閉じることができない。この嵐が彼を、背を向けている未来の方へ引き留めがたく押し流してゆき、その間にも彼の眼前では、瓦礫の山が積み上がって天にも届かんばかりである。私たちが進歩と呼んでいるもの、それがこの嵐なのだ（ベンヤミン 1995: 653）。

私たちはテーゼⅧを読み、ファシズムも反ファシズムも進歩の名において競争していたことを知った。彼らは（そして私たちは）進歩の名において破壊する。成り行きは見ない。栄光を追い求めているからだ。テーゼⅨで登場する「歴史の天使」は過去を見つめている。彼は破壊されたものたちを寄せ集めようとしているように見えたが、進歩の強風に吹き飛ばされてしまった。歴史の規範に見えている進歩は、カタストロフを生む。君主／主権者はカタストロフに際して例外を決定し、体制の復旧を試みる。それが〈例外状態／非常事態〉なのだ。

ベンヤミンがシュミットを参照したバロックの悲哀劇の君主たちは、カタストロフに際して例外を決定することができた。実際にはそうではないとしても、彼らは太陽に喩えられた（Benjamin 1998: 62-68）。アメリカ、ソ連（ロシア）、イギリスの核開発を追い、フランスは小さな太陽のような熱核兵器（水素爆弾）を手に入れ、小さな太陽のような核融合炉の開発を急いでいる。日本もこの至高性を追い求めて競争している。これらの主権権力は、バロックの悲哀劇の君主たちやギリシア悲劇の英雄たちを飛び越え、神話の神々のようになろうと欲望しているように見える。カタストロフの後の瓦礫の山はその成り行きだ。だから進歩という歴史の規範を問い直さねばならない。

ベンヤミンの「歴史の概念について」は、私たちにこの日常を反転させる哲学的な方法を教えてくれた。だが、進歩の名において、私たちがその中に生きている〈例外状態／非常事態〉は今もつづく。大国は、そして大国が後ろ盾の地域の強国は、卓越した暴力を使って例外を決定する。そして私たちは真の例外状態／非常事態を生じさせることができない。その前兆となるカーニヴァル的な状況を生じさせことができたとしてもだ（Löwy 2014: 112–113）。戦争はつづいている。人々の上に爆弾が落とされる。この〈例外状態／非常事態〉が哲学の知の対象となるのは良いとしても、抑圧された者たちの伝統が、これらの〈例外状態／非常事態〉が日常であることを教えてくれるのなら、その小さな声たちに耳を傾けるために出て行こう。それらの証言を書き綴ろう。なぜ？　前史についいて、関わり合いについて、私たち自身について知るためだ。考えずに主権権力の執行者となるのではなく。

〈付記〉 この本に登場する哲学者たちと人類学者たちについて

彼／女らが、ある時、生存を脅かす暴力に直面しながら記述した思考の力技が、相互に連なりながら私の歩みを助けてくれた。これらのテクストは、襲いかかる危機の中で連なり、批判の潜在力を開花させ、別の時代の危機に直面しながら生き抜こうとする人たちの間でスパークし、新たな連なりを生み出してゆく。そのような仕事の息吹を損なわないために、私は彼女たちの人生を切り分け、解説を付し、資源として整理することはしない。分かりやすいところから始めよう。

ヴァルター・ベンヤミン（1892–1940）、ハンナ・アーレント（1906–1975）、クロード・レヴィ＝

ストロース（1908–2009）、シモーヌ・ヴェイユ（1909–1943）。この四人はそれぞれの仕方で規格外の哲学者、シオニストではないユダヤ人、ナチが支配した世界で生存を脅かされ、異邦人となった人たちだった。彼／女らがこの世界に存在した時間の長さは異なるが、四人ともナチの支配から逃れようとした。ベンヤミンはピレネーの検問にドイツ兵がいるのを見て国境を越えることを断念し、一九四〇年に自殺した。数ヶ月後、ベンヤミンの友人だったアーレントはピレネーを超えてポルトガルに至り、一九四一年にニューヨークに逃れた。だから私たちは全体主義を生んだ帝国主義についてアーレントと共に考え（Arendt 1951）、アイヒマン裁判のルポルタージュを読みながら身近なところで働いている問いを問わない悪の凡庸さに気づく（Arendt 1994）。ドイツ軍に占領されたフランスでは、レヴィ＝ストロースもヴェイユも哲学教師の職を失い、レヴィ＝ストロースは一九四一年にマルセイユからアメリカに向かい、ニューヨークのニュースクールで教え始めた。この時に役立ったのが、あのボロロ論文だった（Lévi-Strauss 1936）。彼が生き延びていなかったなら、私たちは『悲しき熱帯』を読むことはなかった（Lévi-Strauss 1955）。ヴェイユはマルセイユに逃れ、そこからアルデシュ山中のギュスタヴ・ティボンの農場に匿われて『重力と恩寵』の元となるノートを綴り、一九四二年にニューヨークに逃れたが、その年のうちにド・ゴール将軍の「自由フランス」に加わるためにイギリスに渡った。

ナチの支配から逃れることができなかったベンヤミンが残した原稿「歴史の概念について」を私たちに伝えたのはアーレントだった（Benjamin 1992）。シュミットの言葉が、ベンヤミンの言葉が、ジヨルジョ・アガンベン（1942–）の主権権力論の中で、屈折しながら反復していることはすでに書いた通りだ（Agamben 1998; 2005）。ヴェイユは一旦はナチの支配するフランスからアメリカに逃れたが、ナチズムと戦うためにロンドンまで戻り、ド・ゴールの「自由フランス」に参加したが、幻滅して辞し、その後は生き延びることがなかった。ヴェイユが「革命の幻想」について綴った洞察は、ド・ゴールが目指したフランスの自由と独立に内包されたパラドクスを見抜いていた（Weil 1947）。他方、生き延びたアーレントとレヴィ＝ストロースは、ヒロシマとナガサキの原爆投下が何をしたのかを見た。アーレントは核兵器が政治を不可能にすることに気づき（政治とは自由のことだから）、レヴィ＝ストロースは核兵器が世界のエントロピーを増大させることを知った。私がこの二人から学んだことはとても多く、それについては繰り返さない。

レヴィ＝ストロースは稀有な人類学者だった。彼は初期のボロロ論文において、セルジオ会の宣教師たちが先住民について優れた民族誌的な記録を残すと同時に、先住民が世界と自分たちについて思いを巡らしながら自分たちの世界を織ってゆく図式として使った認知と行為の仕掛けを、徹底的に破壊したことを我々に教えてくれた。異文化の破壊というような単純な理解ではなく、先住民の周囲世界を方向づけていた世界の認知の図式を宣教師たちが破壊したことを見抜いたその洞察は特筆に値する。レヴィ＝ストロースの思考において、先住民たちの認知の構造と、モーリス・メルロ＝ポンティ（1908–1961）の志向性の構造が交叉している。

先住民の物質文化の破壊は、見かけよりも遥かに深遠な成り行きを伴っており、それがしたことは、例えばマラエに、イレズミに、踊りに、歌に、話し言葉の中に分配されていた世界の知覚とその創出の仕掛けを破壊することだった。こうして先住民たちは世界の中で自分たちが何者なのか分からなくなり、自分たちの世界に住みながら他所者になっていった。これは私たちにも起きている。良い国民、良い労働者、良い企業家、良い官僚、良い技術者を生産する近代の進歩のための教育システムは、私たちが意識する間もなく周囲世界を織り進む認知の構造の秘密を隠している。世界も人間も資源と化して、私たちはこれらの資源を開発／破壊しながら、余白《マージン》を削って利潤《マージン》を生むように急かされるが、その成り行きについては考えない。だから周縁《マージン》においてフィールドワークするのだ。知覚できない放射能が挙動する生活世界で調査をするうちに、私は『知覚の現象学』(Merleau-Ponty 1945) から離れ始めた。しかし未完の『見えるものと見えないもの』(Merleau-Ponty 1964) の交叉の概念は、関係性について新たな問いを喚起した。

この本の冒頭で私はブロニスワフ・マリノフスキ (1884–1942) とレイモンド・ファース (1901–2001) について言及した。前者はイギリス社会人類学の父であり、後者はそのプリンスだった。マリノフスキは、一人の人類学者が長期間のフィールドワークを行い、対象となる社会の多様な側面を網羅的に調査し、一つの全体をなす民族誌を記述する学問スタイルを確立した (Malinowski 1922)。マリノフスキの機能主義は時代遅れで、私の周囲にはこれに触発される学生はいなかったが、クラ交換の民族誌は我々を魅惑しつづけた。マリノフスキの理論は色褪せても、トロブリアンドの人々の豊かな営みの記述は色褪せない。私はクラ交換の民族誌は我々を魅惑しつづけたと言ったが、これには説明が必要だ。クラ交換の民族誌は、マルセル・モース（1872–1950）の贈与論との交叉により、贈与論／人格論として格段に豊かな人間たちと対象物たちと世界の理解となってゆくのである（Mauss 1950）。そしてこの贈与論／人格論は、どこかのエキゾチックな地域の理論としてではなく、社会性の理論として立ち現れた。だから私はイギリスの社会人類学とフランスの社会人類学が混ざり合うところ、歴史の中で人類学が思想と出会うところ、問いが生まれる反時代的な場に身を置こうとした。

アルフレッド・ジェル（1945–1997）のことを書いておかなければならない。私は南インドでフィールドワークをして博士論文を書いたのだが、周縁的な不可触民とトライバルをルイ・デュモンの社会の階層性に位置づけるのではなく、その枠組みをはみ出る彼／女らの社会性のユニークさを追跡するために、私はメラネシアのサブスタンス論で考えようとした。ジェルが、パプア・ニューギニアの高地のフィールドからオリッサの高地のフィールドにやってきて、デュモンの「インド社会学」を踏襲しない人類学的な研究をしていたことに触発されたのだった。私は本書において『イメージたちに包んで』（Gell 1993）を幾度となく参照したが、晩年のジェルは、ポリネシアに行くことなく、そのイレズミの本を書き上げた。私はポリネシアに赴いた時、この本を抱えて行った。私は博士論文を書いていた時に、ジェルに導かれるようにして南インドの不可触民とトライバルの世界をメラネシア人類学に触発されて考察することを試みたが、それから三十年後、今度はジェルの『イメージたちに包んで』に導かれるようにしてポリネシアに出かけたのだった。

しかし私はイレズミの研究をするためにガンビエに赴いたのではなかった。ポリネシア人たちとヨーロッパ人たちはどのような出会いを経験したのか？　その歴史はどのようにして作られたのか？　これは本書の中心的な問題でもあるから、私はマーシャル・サーリンズ（1930–2021）のことを書いておこう。一九九一年にエチオピアの軍事政権がティグレ人民解放戦線に敗れて崩壊する少し前から、私はフィールドワークができなくなっていた。私は所属する大学院を変え、次のフィールドとなりそうなところを探しながら、サーリンズの著作やロバート・ボロフスキの民族誌を読んでいた。間もなく私は南インドでフィールドワークをすることになり、読みかけのサーリンズの『歴史の島々』（Sahlins 1985）をもってケーララに向かった。

ガンビエでは、サーリンズが議論したようなキャプテン・クックがハワイの至高神ロノの再来となって神話に取り込まれ、その宇宙論を変容させたような劇的なことは起きなかったが、私はサーリンズが参照したジョルジュ・デュメジル（1898–1986）の至高性／主権の神話研究を読み進みながら、他所者の征服者という問題、至高神と戦争神との関係、主権権力と戦争の力能をどう理解したら良いのかという問題について、主権の例外性に着目して考えるようになった。ポリネシアのコスモロジーの至高神だけでなく、国家の至高性／主権の例外性こそが問題なのだ。ベンヤミンがシュミットに触発されて主題化した例外状態が規則となる主権の性質、マラエで行われた人身供犠の例外性、アガンベンのホモ・サケルの例外性とアウシュヴィッツにおける人間の非人間化（ユダヤ人のムスリム人化）の日常もこれに関係していることが解るだろう。最後にノマド、国家、自己保持について記しておく。

レヴィ＝ストロースの学生だったピエール・クラストル（1934–1977）の『グアヤキインディアンたちの年代記』と『国家に抗する社会』は、私たちに国家に従属する生き方とは異なる生の可能性を提示している（Clastres 1972; 1974）。『年代記』はレヴィ＝ストロースが長い参与観察をすることがなかったノマドの暮らしを緊密に描いたパラグアイの先住民アチェの民族誌であるのに対し、『国家に抗する社会』は、エティエンヌ・ド・ラ・ボエシ（1530–1563）の『自発的従属論』（La Boétie 1976〔1577〕）と取り組んだ人類学的で哲学的な政治論だ。政治哲学者のミゲル・アバンスールが編集した『自発的従属論』には、ボエシのテクストの他、ヴェイユ、クラストル、クロード・ルフォール、その他の論考が含まれ、私たちは国家への従属と国家からの自由に関する長い政治論争の一部をそこに垣間見ることができる。この論争から自己保持へ向かう小道があることは不思議ではない。これに関わるニーチェ（1844–1900）とスピノザ（1632–1677）については、本文において触れたので省略する。

クラストル、ニーチェ、スピノザと言えば、ジル・ドゥルーズ（1925–1995）を避けて通ることは難しいが、私はドゥルーズの議論に不必要に引きずられたくないので、その仕事を参照することを最小限にした。その理由について書いておく。ドゥルーズとガタリの『千のプラトー』において、クラストルのノマドは重要な役割を与えられているが、このアマゾンのノマドは、いつしか砂漠のノマドにすり替わっている（Deleuze et Guattari 1980）。ドゥルーズの資本主義批判にとって、それが自然なロジックだったとしても、私はその理論的なノマドを鵜呑みにせず、クラストルの思弁的な『国家に抗する社会』から、より民族誌的な『年代記』に立ち返り、その先へつづく道を探した。ニーチェとスピノザに関しても同様に、ドゥルーズのニーチェではなくニーチェを、ドゥルーズのスピノザではなくスピノザを読む。

あとがき

なぜこのような書き方をするのか？　私は何度もそう聞かれる。明確な目標を定め、テスト済みの最良の方法を選び、それを実行に移し、明らかにされた問題の解説をする。私はそのようには書かない。文明の進歩の成り行きの果ては、そんな性質の問題ではないからだ。一九四〇年のある時、ベンヤミンは友人に託した「歴史の概念について」をなぜあのような断章として書き残したのか？　レヴィ＝ストロースはなぜ『悲しき熱帯』をあのように書いたのか？　ニーチェはなぜ『反時代的考察』をアフォリズムの形式で書いたのか？　ヴェイユはなぜ……。

ポリネシアの核実験場に近い島嶼の日常を理解しようとして、私が雑多な文献を読んでいた二〇二一年三月のことだった。私の最終講義「旅立たなければ、旅行記は書けない」に際して、哲学者の津崎良典さんが私の文章のスタイル／思考のスタイルについてコメントするために、モンテーニュの『エセー』Ⅲ、9「空しさについて」から二つの節を選び、日本語とフランス語で読んでくれた。その一節を再び引用する。

わたしにはよくわかっている――旅の喜びというのは、それを端的にいうならば、まさに自分が、落ち着かず、定まらない状況の証人になれることにあるのだと。もっともそれは、われわれ人間を支配するところの、主たる特質なのでもある。そう、そうなのである。だからわたしは、正直にいっておきたい――わたしの場合、夢や希望のなかにさえ、自分がつかまっていられるようなものはなにひとつ見つからないのだと。わたしを満足させてくれるものといえば、変化に富むことと、多様性を楽しむことぐらいである。旅をしていても、「自分はどこで中止しても、いっこうに差しつかえない。その場所から引き返したって、なんの問題もないのだから」という安心感がいつもある（モンテーニュ 2016: 87）。

そうなのだ。周縁のフィールドを旅して「落ち着かず、定まらない状況の証人」となり、その出来事を記述しながら、それを引き起こした文明の進歩について、反時代的な考察を試みる。私は引用の後半にあるような安心感の境地には未だ達していないけれども。

モンテーニュは旅が好きで、サン＝テミリオンにほど近い屋敷と葡萄畑の家政は好きではなったが、そこにはゆっくり過ごせる安心感があった。そこで書きつづけたのだ。彼は「空しさについて」の前半で国政についてこう書いた。「国家とは〔…〕強力にして解体しがたいものであって、内部に致命的な病気をかかえていても、不正な法律で弊害をこうむっていても、また、圧政や、官僚たちの逸脱や無知、勝手気ままな民衆の暴動にもかかわらず、たいていは存続する」(*ibid*.: 54)。モンテーニュは国家の家政にうんざりしていた。彼はボルドー高等法院の裁判官を辞し、父から相続した城館に隠棲し、そこから旅に出たのだ。私はパレスチナ難民ではないから、帰る家があり、そこからフィールドを振り返る。昔、二つ目の大学を中退して日本を出て、アフリカで緊急救援と復興の仕事をしていた頃、活動する場所は違ったが、仲間だった岩崎駿介さんと岩崎美佐子さんが、後に八郷の山の中に自力で建てた落日荘に住み、そこで美しい作品群を作る作業をしながら、世界について考え、何かを表現する方法を思う。

この本の元になったのは、二〇二一年六月一五日から二〇二三年五月三一日にかけて『日々の新聞』に連載した「戸惑いと嘘」の六十三回から百回までのエッセイだ。編集を担当した大越章子さんは、フィールドワークの期間を除き、月二回のペースで付き合ってくれた。私の原稿は友人たちのコメントによって鍛えられた。原稿を書き上げるといつでも直ぐに反応したのは、甲斐いづみさん、山邊恵介くん、中谷和人さんの三人だった。甲斐さんは読みやすさについて、山邊くんと中谷さんは内容の核心的な部分に反応した。毎回ではなかったが、最初から最後まで読みつづけて琴線に触れるコメントをくれたのは、深川宏樹くんと石井美保さんだった。神尾悠介くん、小川裕司くん、久田信一郎さんのどこからか独り言になる感想は、読者の存在を意識させてくれた。田本はる菜さん、河野正治くん、桑原牧子さん、足立朋也さん、田中亮殑くん、山科早英良さんは、最初の頃に、中空萌さん、松嶋健さんは、終盤から、玉山ともよさん、井上菜都子さんは、折に触れて、その人らしい感想を送ってくれて、時に私の文章に影響を与えた。岩崎美佐子さんは、出来立ての原稿を一気に読んで出版が決まっていなかった『美しい顔』の書評を八郷のブログに書いてくれた。マンガレヴァの人たち、特にアンナ・ママトゥイ、アナ・テアカロトゥ、レオン・パヘオとその家族たちは、私を仲間として受け入れてくれた。この作品が春秋社の荒木駿さんの目に留まって出版されることになったのは幸運だった。内山田かおりはいつも私をフィールドに送り出してくれた。黒田征太郎さんは、反転する鳥の絵を使わせてくれただけでなく、これすごくいいよ、と若葉色がひときわ短くなったパステルのセットをくれた。

＊＊＊

私は二〇二三年八月と九月にも対馬を訪れた。核のごみの最終処分場を誘致する人たちや反対する人たちに話をしろというので、福島では三十年後に高レヴェルの放射性廃棄物を県外に搬出することを約束した法律を成立させて、大熊と双葉の中間貯蔵施設の運用が始まったこと（浜通りの人たちは結局はここが最終処分場になるのだろうと話していた）、核施設と再処理工場の放射能汚染のために、廃炉と廃止措置の困難のために、かつての進歩の夢は色褪せ、今では最終処分場の候補地となっているセラフィールドのこと、フランスがウラン採掘をやめて撤退した後、放射能汚染だけが残るゴーストタウンとなったガボンのムナナのこと、時間の経過と共に条件と目的が変わる類似の過程について話をした。

最初に夢のような発展が約束される。やがて事故と状況の変化が起きて疑いが生じる。さらに時間が経過して被害とリスクが拡大し、未来は不確かになってゆく。原子力産業にとってこの問題を回避する唯一の方法は、中止ではなく継続することだ。オラノに雇われてラ・アーグとセラフィールドで働くパトリックがそう教えてくれた。放射性廃棄物の半減期の長い時間ではなく、個人や組織の短い時間を尺度にして問題を棚上げする。そうやって破綻している「核燃料サイクル」を回す。とにかく、私は時間が経過すると、生存の条件が変わり、目的が変わることを話していた。

核のごみの誘致に賛成するある市議会議員はうつむいていたが、顔を上げて「そろそろ帰ります」と言った。次に会った賛成派の市議会議員は、「文献調査」を受け入れて老朽化したジェットフォイルを新しくする交渉をすると語った。別の日に会った誘致派のビジネスマンは、最終処分場まで受け入れると断言した上で、今の飛行場はプロペラ機しか来ないから滑走路を三千メートルに拡張して大型ジェット機が来るようにすると話し、核のごみが来る頃に自分は生きていないと笑った。放射性廃棄物と生きる未来ではなく、交付金や返礼が課題なのだ。二〇二三年九月一二日に対馬市議会は「文献調査」を進める請願を採択し、九月二七日に対馬市長は「文献調査」を受け入れないと言ったが、これで終わりではない。主権権力は力能と偉大さを、メトロポリスは繁栄と美貌を手に入れるために、進歩の名において周縁を壊しながら、後背地の幾多の施設で増大するエントロピーをどこか遠くに捨てるだろう。マリー＝ローズがぽつりと言った言葉が聞こえてくるようだ。

それが文明？

参照文献

Agamben, Giorgio 1998. *Homo Sacer: Sovereign Power and Bare Life*, trans. Daniel Heller-Roazen. Stanford: Stanford University Press.

Agamben, Giorgio 2002. *Remnants of Auschwitz: The Witness and the Archive*, trans. Daniel Heller-Roazen. New York: Zone Books.

Agamben, Giorgio 2005. *State of Exception*, trans. Kevin Attell. Chicago: The University of Chicago Press.

Alperovitz, Gar 1995. *The Decision to use the Atomic Bomb*. New York: Vintage Books.

Arendt, Hannah 1951. *The Origins of Totalitarianism*. New York: Schocken Books.

Arendt, Hannah 1994. *Eichmann in Jerusalem: A Report on the Banality of Evil.* London: Penguin Books.

Arendt, Hannah 2005. Introduction *into* Politics. In *The Promise of Politics*, ed. Jerome Kohn. New York: Schocken Books.

朝日新聞 2022.「被爆２世の国賠請求棄却」2022.12.13.

Babadzan, Alain 1993. *Les dépouilles des dieux: Essai sur la religion tahitienne à l'époque de la découverte*. Paris:

Editions de la Maison des Sciences de l'Homme.

Banks, Joseph 1896. *Journal of The Right Hon. Sir Joseph Banks*, ed. Sir Joseph D. Hooker. London: Macmillan and Co. Ltd.

Barrillot, Bruno 2005. Mangareva le 6 juillet, Un marin de la Coquille. http://moruroa.assemblee.pf/medias/pdf/Michel%20Fanton.pdf

Barrillot, Bruno 2009a. Mangareva 1966–1968, Les courriers du Père Daniel Egron, curé des Gambier. http://moruroa.assemblee.pf/medias/pdf/Courriers%20du%20P.%20Daniel%201966-68.pdf

Barrillot, Bruno 2009b. Un essai sous ballon: Le tie Bételegeuse du 11 septembre 1996. http://moruroa.assemblee.pf/medias/pdf/Un%20essai%20sous%20ballon%20Bételgeuse%201966.pdf

Barrillot, Bruno éd. 2013. *Témoins de la Bombe: Mémoires de 30 ans d'essais nucléaires en Polynésie française*. Papeete: Editions Univers Polynésiens.

Beechy, Frederick William 1831. *Narrative of a Voyage to the Pacific and Beering's Strait, to co-operate with the Polar Expeditions: Performed in His Majesty's Ship Blossom, under the command of Captain F. W. Beechy, R. N., F. R. S. &c., in the years 1985, 26, 27, 28,* vo.l. 1. London: Henry Coburn and Richard Bentley.

Benjamin, Walter 1992 [1968]. On the Concept of History. In *Illuminations*, ed. Hannah Arendt, trans. Harry Zohn. London: Fontana Press.

Benjamin, Walter 1998 [1928]. *The Origin of German Tragic Drama*, trans. John Osborne. New York: Verso.

Benjamin, Walter 2003. *Über den Begriff der Geschichte*, Februar bis April/Mai 1940. https://www.burg-halle.de/home/129_baetzner/SoSe_2017/benjamin_Ueber_den_Begriff_der_Geschichte.pdf

ベンヤミン 1995.「歴史の概念について〔歴史哲学テーゼ〕」（浅井健二郎訳）『ベンヤミン・コレクショ

ン1　近代の意味』ちくま学芸文庫.
ベンヤミン 2000.「歴史哲学テーゼ（歴史の概念について）」（野村修訳）. 今村仁司『ベンヤミン「歴史哲学テーゼ」精読』岩波現代文庫.

Borofsky, Robert 1990. History's Anthropology: The Death of William Gooch. *The Contemporary Pacific* 2 (2): 390–394.

Borofsky, Robert 2000. An Invitation. In *Remembrance of Pacific Past: An Invitation to Remake History*, ed. Robert Borofsky. Honolulu: University of Hawai'i Press.

Bougainville, Louis-Antoine de 1982 [1771]. *Voyage autour du monde par la frégate du Roi La Boudeuse et la flûte L'Étoile,* éd. Jacques Proust. Paris: Gallimard.

Bourdieu, Pierre 1972. *Esquisse d'une théorie de la pratique précédé de trois études d'ethnologie kabyle.* Genève: Librairie Droz.

CEA 1969. *Notice D'Information des Travaux sous Rayonnements Ionisants.* Paris: CEA.

Clastres, Pierre 1972. *Chronique des Indiens Guayaki.* Paris: Plon.

Clastres, Pierre 1974. *La société contre l'état: Recherches d'anthropologie politique.* Paris: Les Éditions de Minuit.

Clastres, Pierre 2010 [1977]. *Archéologie de la violence: La guerre dans les sociétés primitives.* Paris: éditions de l'aube.

Commission d'enquête sur les conséquences des essais nucléaires (CESCEN) 2006. *Les polynésiens et les essais nucléaires: Indépendance nationale et dépendance polynésienne*. Papeete: Assemblée de la Polynésie française.

Commonwealth of Australia 1997. *Bringing them home: National Inquiry into the Separation of Aboriginal and*

Torres Strait Islander Children from Their Families. Sydney: Commonwealth of Australia.

Conte, Eric and Patrick Vinton Kirch eds. 2004. *Archaeological Investigations in the Mangareva Islands (Gambier Archipelago), French Polynesia*. Berkeley: The Archaeological Research Facility, University of California, Berkeley.

Cook, James 1777. *A Voyage Towards the South Pole, and Round the World,* vol. 1, 2nd ed. London: W. Strahan and T. Cadell.

Cook, James 1821. *Round the World,* vol. 4. London: Longman, Hurst, Rees, Orme, and Brown.

Cook, James 1999. *The Journal of Captain Cook,* ed. Philip Edwards. London: Penguin Books.

Cuzent, Gilbert 1872. *Voyage aux Iles Gambier (Archipel de Mangarèva)*. Paris: Librairie de Victor Masson et Fils.

Darwin, Charles 2001 [1909]. *The Voyage of the Beagle: Journal of Research into the Natural History and Geology of the Countries visited during the Voyage of H. M. S. Beagle round the World.* New York: The Modern Library.

Deleuze, Gilles 1983. *Nietzsche and Philosophy,* trans. Hugh Tomlinson. New York: Columbia University Press.

Deleuze, Gilles 2002 [1973]. Pensée Nomade. In *L'Île Déserte: Textes et entretiens, 1953–1974.* Paris: Les Éditions de Minuit.

Deleuze, Gilles et Félix Guattari 1980. *Mille Plateaux.* Paris: Les Éditions de Minuit.

Dening, Greg 1980. *Island and Beaches: Discourse in a Silent Land, Marquesas, 1774–1880.* Honolulu: The University of Hawaii Press.

Dening, Greg 1983. *The Bounty: An Ethnographic History*. Melbourne: History Department, The University of Melbourne

Dening, Greg 1986. Possessing Tahiti. *Archaeology in Oceania* 21（1）: 103–118.

Dening, Greg 1988. *History's Anthropology: The Death of William Gooch*. Lanham: University Press of America.

Descola, Philippe 1993. *Les lances du crépuscule: Relations Jivaros, haute Amazonie*. Paris: Plon.

Diderot, Denis 2013［1773］. *Supplément au Voyage de Bougainville*. Paris: Hatier.

Driessen, H. A. H. 1982. Outriggerless Canoes and Glorious Beings. *The Journal of Pacific History*. 17（1）: 3–28.

Druett, Joan 2018. *The Discovery of Tahiti*. Jersey City: Old Salt Press.

Dubrova, Yuri E., Mark Plumb, Bruno Gutierrez, Emma Boulton and Alec J. Jeffreys 2000. Transgenerational mutations by radiation. *Nature* 405: 37.

Dumézil, Georges 1948. *Mitra-Varuna. Essai sur deux représentations Indo-Européennes de la Souveraineté*. Paris: Gallimard.

Dumézil, Georges 2021. *Mythe et Épopée I. II. III.*. Paris: Gallimard.

Ellis, William 1829a. *Polynesian Researches, During a residence of nearly six years in the South Sear Islands*, vol. 1. London: Fisher, Son & Jackson.

Ellis, William 1829b. *Polynesian Researches, During a residence of nearly six years in the South Sear Islands*, vol. 2. London: Fisher, Son & Jackson.

Emory Kenneth P. 1939. *Archaeology of Mangareva and Neighboring Atolls*（Bernice P. Bishop Museum Bulletin 163）. Honolulu: Bernice P. Bishop Museum.

Filihia, Meredith 1996. 'Oro-dedicated *Maro 'Ura* in Tahiti: Their Rise and Decline in the Early Post-European Contact Period. *The Journal of Pacific History*. 31 (2): 127–143.

Firth, Raymond 1936. *We, the Tikopia: A Sociological Study of Kinship in Primitive Polynesia*. London: George Allen & Unwin.

Firth, Raymond 1963. *We, the Tikopia: A Sociological Study of Kinship in Primitive Polynesia*. Boston: Beacon Press.

Foucault, Michel 1997. *Il faut défendre la société*. Paris: Seuil.

Fromm, Erich 1973. *The Anatomy of Human Destructiveness*. New York: Holt, Rinehart & Winston.

振津かつみ 2016［2007］.「チェルノブイリ原発事故の放射線被曝によるＤＮＡ反復配列の突然変異を指標とした継世代的影響研究」. 今中哲二編『チェルノブイリ原発事故の実相解明への多角的アプローチ　20年を機会とする事故被害のまとめ』京都大学原子炉実験所.

Gell, Alfred 1993. *Wrapping in Images: Tattooing in Polynesia*. Oxford: Clarendon Press.

Gell, Alfred 1996. Vogel's net: traps as artworks and artworks as traps. *Journal of Material Culture*. 1: 15–38.

Gell, Alfred 1998. *Art and Agency: An Anthropological Theory*. Oxford: Clarendon Press.

GEO 2021. Nucléaire en Polynésie: la population des Gambier toujours marquée par les essais français. le 6 mai 2021.

Guillou, Jacques 2018. *L'île d'Agnès: Itinéraire d'un Breton du 19ème siècle en Polynésie*. Miami: Moareva Publishing.

Hau'ofa, Epeli 2008. *We are the Ocean: Selected Works*. Honolulu: University of Hawai'i Press.

Hecht, Gabrielle 2009. *The radiance of France: nuclear power and national identity after World War II*. Cambridge:

The MIT Press.
Hoelzl, Michael and Graham Ward 2008. The Editors' Introduction. In *Political Theology II: The Myth of the Closure of Any Political Theology*, by Carl Schmitt, trans. Michael Hoelzl and Graham Ward. Cambridge: Polity Press.
Henry, Teuira 1928. *Ancient Tahiti*. Honolulu: Bishop Museum Press.
Hezel, Francis X. 1995. *Strangers in Their Own Land: A Century of Colonial Rule in the Caroline and Marshall Islands*. Honolulu: University of Hawai'i Press.
土方久功 1939.「ヤップ離島 サトワル島々民の慣習」南洋廳内務部地方課.
土方久功 1943.『流木』小山書店.
土方久功 2014.「土方久功日記　第二九冊　１９４１年５月22日～１９４２年２月15日」『国立民族学博物館報告』124: 337–424.
Hiroa, Te Rangi (Peter H. Buck) 1938. *Ethnology of Mangareva* (Bernice P. Bishop Museum Bulletin 157). Honolulu: Bernice P. Bishop Museum.
オメーロス 1971.『オデュッセイアー　上』(呉茂一訳) 岩波文庫.
IEOM 2020. L'Archipel des Gambier. *Études thématiques* N° 298.
今村仁司 2000.『ベンヤミン「歴史哲学テーゼ」精読』岩波現代文庫.
ina 1966. Voyage à Tahiti. Charles de Gaulle paroles publiques. https://fresques.ina.fr/de-gaulle/fiche-media/Gaulle00121/voyage-a-tahiti.html (diffusion 16 septembre 1966).
Jackson, Julian 2018. *A Certain Idea of France: The Life of Charles de Gaulle*. London: Penguin Books.
Kahn, Miriam 2011. *Tahiti Beyond the Postcard: Power, Place, and Everyday Life*. Seattle: University of

Washington Press.

Khalidi, Rashid 2020. *The Hundred Years' War on Palestine: A History of Settler Colonial Conquest and Resistance*. London: Profile Books.

Kirch, Patrick V., Eric Conte, Warren Shapp and Cordelia Nickelsen 2010. The Onemea Site（Taravai Island, Mangareva）and the human colonization of Southeastern Polynesia. *Archaeology in Oceania* 45: 66–79.

倉橋弥一 1943.『孤島の日本大工　杉浦佐助　南洋綺譚』文松堂書店.

La Boétie, Étienne de 1976［1577］. *La discours de la servitude volontaire*, éd. Miguel Abensour. Paris: Éditions Payot.

Laroche, Marie-Charlotte 1982. Circonstances et vissicitudes du voyage de découverte dans le Pacifique Sud du l'exploration Roggeveen 1721–1722. *Journal de la Société des Océanistes* 74–75（38）: 19–23.

Laval, Honoré 1938. *Mangareva: L'Histoire Ancienne d'un People Polynésien*. Paris: Librairie Oriental Paul Geuthner.

Laval, Honoré 1968. *Mémoires pour servir à l'histoire de Mangareva, ère chrétienne 1934–1871*, éds. C. W. Newbury & P. O'Reilly. Paris: Publication de la Société des Océanistes, N° 15, Musée de l'Homme.

Le Monde 1965. Le général de Gaulle: il dépend de vous que la République nouvelle poursuive et développe son œuvre de progrès d'indépendance et de paix. le 14 décembre 1965.

Le Monde 1966. Le général de Gaulle a visité le centre d'expérimentation du Pacifique. le 10 septembre 1966.

Le Monde 2017. Mort du lanceur d'alerte Bruno Barrillot. le 13 avril 2017.

Le Monde 2021. Essais nucléaires en Polynésie française: Emmanuel Macron reconnaît « une dette » de la France. le 28 juillet 2021.

Lévi-Strauss, Claude 1936. Contribution à l'étude de l'organisation sociale des Indiens Bororo. *Journal de la société des américanistes*, Nouvelle Série 28（2）: 269–304.

Lévi-Strauss, Claude 1955. *Tristes Tropiques*. Paris: Plon.

レヴィ＝ストロース 2001.『悲しき熱帯 II』（川田順造訳）中公クラッシックス.

Lévi-Strauss, Claude et Didier Éribon 2001. *De près et do loin*. Paris: Odile Jacob.

Löwy, Michael 2014［2001］. *Walter Benjamin: Avertissement d'incendie, une lecture des thèses « Sur le concept d'histoire »*. Paris: Édition de L'Éclat.

マキアヴェッリ 1998.『君主論』（河島英昭訳）岩波文庫.

Malinowski, Bronislaw 1922. *Argonauts of the Western Pacific: An Account of Native Enterprise and Adventure in the Archipelagoes of Melanesian New Guinea.* London: Routledge & Kegan Paul Ltd.

Mann, Michael 2012. *The Sources of Social Power*, 4 vols. Cambridge: Cambridge University Press.

Margulis, Lynn 1998. *Symbiotic Planet: A new look at evolution*. New York: Basic Books.

松岡静雄 1927.『ミクロネシア民族誌』岡書院.

Mauss, Marcel 1950. *Sociologie et anthropologie*. Paris: Presses Universitaires de France.

Mawyer, Alexander 2015. Wildlands. Deserted Bays and Other Bushy Metaphors of Pacific Place. In *Tropical Forest of Oceania: Anthropological Perspective*, eds. Joshua A. Bell, Paige West and Colin Filer. Canberra: ANU Press.

マイネッケ 1976.『近代史における国家理性の理念』（菊盛英夫・生松敬三訳）みすず書房.
Melville, Herman 1996［1846］. *Typee: A Peep at Polynesian Life*. New York: Penguin Books.
Merleau-Ponty, Maurice 1945. *Phénoménologie de la Perception.* Paris: Gallimard.
Merleau-Ponty, Maurice 1964. *Le Visible et l'Invisible suivi de notes de travail.* Paris: Gallimard.
モンテーニュ 2016.『エセー 7』（宮下志郎訳）白水社.
Munn, Nancy 1992. *The Fame of Gawa: A Symbolic Study of Value Transformation in Massim Society.* Durham: Duke University Press.
Murray, Stephen C. 2016. *The Battle Over Peleliu: Islander, Japanese, and American Memories of War.* Tuscaloosa: The University of Alabama Press.
Musée du quai Branly - Jacques Chirac 2021. *Maro 'Ura,* Un trésor polynésien, Guide de Visite, 19 oct. 2021 - 9 janv. 2022.
長崎新聞 2022.「開かなかった援護への道」2022.12.13.
中島敦 1993.『中島敦全集２』ちくま文庫.
中島敦 2019.『南洋通信　増補新版』中公文庫.
Nason, James Duane 1970. Clan and Copra: Modernization on Etal Island, Eastern Caroline Islands. Ph.D. Dissertation. University of Washington.
ニーチェ 1970.『善悪の彼岸』（木場深定訳）岩波文庫.
ニーチェ 1993.『反時代的考察』（小倉志祥訳）ちくま学芸文庫.
Newbury, Colin 1967. *Te Hau Pau Rahi*: Pomare II and the Concept of Inter-Island Government in Eastern Polynesia. *The Journal of the Polynesian Society* 76（4）: 477–514.

日本戦没学生記念会編 1982.『きけ わだつみのこえ』岩波文庫.

西川長夫 2011.『パリ革命 私論　転換点としての68年』平凡社新書.

Nomura, Teisei, Larisa S. Baleva, Haruko Ryo, Shigeki Adachi, Alla E. Sipyagina and Natalya M. Karakhan 2017. Transgenerational Effects of Radiation on Cancer and Other Disorders in Mice and Humans. *Journal of Radiation and Cancer Research* 8 (3): 123–134.

岡谷公二 2007.『南海漂蕩　ミクロネシアに魅せられた土方久功・杉浦佐助・中島敦』冨山房インターナショナル.

Oliver, Douglas 1974. *Ancient Tahitian Society*, 3 vols. Honolulu: The University Press of Hawaii.

Oreskes, Naomi and Erik M. Conway 2010. *Merchants of Doubt: How a handful of scientists obscured the truth on issues from tobacco smoke to global warming.* New York: Bloomsbury.

Peattie, Mark R. 1988. *Nan'yo: The Rise and Fall of the Japanese in Micronesia, 1885–1945.* Honolulu: University of Hawaii Press.

ピガフェッタ 2011.「最初の世界周航」『マゼラン　最初の世界一周航海』(長南実訳) 岩波文庫.

Polanyi, Karl 1957 [1944]. *The Great Transformation: the political and economic origins of our time.* Boston: Beacon Press.

Proust, Jacques 1982. Préface. In *Voyage autour du monde par la frégate du Roi La Boudeuse et la flûte L'Étoile,* de Louis-Antoine de Bougainville, ed. Jacques Proust. Paris: Gallimard.

Reece, Steve 1995. The Three Circuits of the Suitors: A Ring Composition in Odyssey 7-22. *Oral Tradition* 10 (1) : 207–229.

Regnault, Jean-Marc 2016. *Pouvana'a et de Gaule: La candeur et la grandeur.* Papeete: 'API.

Robertson, George 1955. *An Account of the Discovery of Tahiti: From the Journal of George Robertson, Master of H.H.S. Dolphin.* London: Folio Society.

Roggeveen, Leendart 1994. Ghosts and remains of a well-sailed ship. *Rapa Nui Journal* 8 (3): 79–80.

Rosaldo, Michelle Z. 1980. *Knowledge and Passion: Ilongot Notions of Self and Social Life*. Cambridge: Cambridge University Press.

Rosaldo, Renato 1980. *Ilongot Headhunting, 1883–1973, A Study in Society and History.* Stanford: Stanford University Press.

Sahlins, Marshall D. 1958. *Social Stratification in Polynesia*. Seattle: University of Washington Press.

Sahlins, Marshall 1981a. *Historical Metaphors and Mythical Realities: Structure in the Early History of Sandwich Island Kingdom.* Ann Arbor: The University of Michigan Press.

Sahlins, Marshall 1981b. The Stranger-King: Or Dumézil among the Fijians. *The Journal of Pacific History*. 16 (3): 107–132.

Sahlins, Marshall 1985. *Island of History*. Chicago. The University of Chicago Press.

Sahlins, Marshall 1992. *Anahulu: The Anthropology of History in the Kingdom of Hawaii, voll. 1.* Chicago. The University of Chicago Press.

Said, Edward 1992 [1979]. *The Question of Palestine*. New York: Vintage Books.

Said, Edward 1995. *The Politics of Dispossession: The Struggle for Palestinian Self-Determination, 1969-1994*. New York: Vintage Books.

Scemla, Jean-Jo éd. 1994. *Le Voyage en Polynésie: Anthropologie des voyageurs Occidentaux de Cook à Segalen*. Paris: Robert Laffont.

Schelling, Thomas C. 1966. *Arms and Influence*. New Haven: Yale University Press.

Schmitt, Carl 2005［1922］. *Political Theology: Four Chapters on the Concept of Sovereignty*, trans. George Schwag. Chicago: The University of Chicago Press.

Schmitt, Carl 2008［1970］. *Political Theology II: The Myth of the Closure of Any Political Theology*, trans. Michael Hoelzl and Graham Ward. Cambridge: Polity Press.

シェークスピア 1969.『マクベス』（福田恆存訳）新潮文庫.

清水久夫 2016.『土方久功正伝　日本のゴーギャンと呼ばれた男』東宣出版.

Smith, Bernard 2000. Constructing "Pacific" Peoples. In *Remembrance of Pacific Past: An Invitation to Remake History*, ed. Robert Borofsky. Honolulu: University of Hawai'i Press.

Smith, Howard M. 1975. The Introduction of Venereal Disease into Tahiti: A Re-examination. *The Journal of Pacific History* 10（1）: 38–45.

Smith, S. Percy 1918. Notes on the Mangareva, or Gambier Group of Islands, Eastern Polynesia. *The Journal of the Polynesian Society*. 27（3）: 115–131.

スピノザ 1940.『国家論』（畠中尚志訳）岩波文庫.

Spinoza 2015［1677］. *Œuvres V Traité Politique*, trad. Pierre-François Moreau. Paris: PUF.

Spitz, Chantal T. 2015［1991］. *L'île des rêves écrasés*. Papeete: Au vent des iles.

Stedman, John Gabriel 1796. *Narrative of a five years' expedition, against the revolted negroes of Surinam, in Guiana, on the wild coast of South America, from the year 1772, to 1777. Elucidating the history of that country, and describing its productions, viz. quadrupedes, birds, fishes, reptiles, trees, shrubs, fruits, & roots; with an account of the Indians of Guiana, & Negroes of Guinea*, vol. 2. London: Printed for J. Johnson

& J. Edwards.
Stengers, Isabelle 2015. *In Catastrophic Times: Resisting the Coming Barbarism*, trans. Andrew Goffey. London: Open Humanities Press.
Stoner, Barbara 1971. Why was William Jones Killed? *Field Museum of Natural History Bulletin* 42（9): 10–13.
Strathern, Marilyn 1988. *The Gender of the Gift*. Berkeley: University of California Press.
須藤健一 2011.「土方久功が住んだパラオ：植民地としての歴史」『国立民族学博物館報告』100: 599–620.
Tahiti Infos 2021. Le maro 'ura à Tahiti en 2022. 22 septembre 2021.
Taussig, Michael 1998. Viscerality, Faith, and Skepticism: Another Theory of Magic. In *In the Ruins: Cultural Theory at the End of the Century*, ed. Nicholas B. Dirks. Minneapolis: University of Minnesota Press.
Tarabout, Gilles 1986. *Sacrifier et donner à voir en pays Malabar*. Paris: École Française d'Extrême-Orient.
戸部良一、寺本義也、鎌田伸一、杉之尾孝生、村井友秀、野中郁次郎 1991.『失敗の本質　日本軍の組織論的研究』中公文庫.
Thomas, Nicholas 2010. *Islanders: The Pacific in the Age of Empire*. New Haven: Yale University Press.
Thompson, E. P. 1967. Time, Work-Discipline, and Industrial Capitalism. *Past & Present*. 38: 56-97.
Uchiyamada, Yasushi 2004. Architecture of immanent power: Truth and nothingness in a Japanese bureaucratic machine. *Social Anthropology* 12（1): 3-23.
内山田康 2008a.「沈黙する死者：降霊術とケーララのモダニティ」『歴史人類』36: 137-153.

内山田康 2008b.「芸術作品の仕事：ジェルの反美学的アブダクションとデュシャンの分配されたパーソン」『文化人類学』73（2): 158–179.

内山田康 2011.「チェッラッタンマンは誰か？：関係的神性、本質的神性、変態する存在者」『文化人類学』76（1): 53-76.

内山田康 2013.「3.11 の問い：その場所と時間」『歴史人類』41: 121–137.

内山田康 2019.『原子力の人類学　フクシマ、ラ・アーグ、セラフィールド』青土社.

内山田康 2021a.『放射能の人類学　ムナナのウラン鉱山を歩く』青土社.

内山田康 2021b,「原子力マシーン」. 床呂郁哉編『わざの人類学』京都大学学術出版会.

Wallis, Samuel 1773. An Account of a Voyage round the World, in the years MDCCLXVI, MDCCLXVII, MDCCLXVIII. In *An Account of the Voyages Undertaken by the Order of His Present Majesty for Making Discoveries in the Southern Hemisphere, and successively performed by Commodore Byron, Captain Wallis, Captain Carteret, and Captain Cook in the Dolphin, the Swallow, and the Endeavour*, ed. John Hawkesworth, vol. 1. Dublin: Printed for A. Leathley, J. Exshaw, W. Sleather, M. Hay, D. Chamberlaine, J. Potts, E Lynch, J. Williams, W. Wilson, J. A. Husband, J. Porter, J. Milliken, T. Walker, J. Vallance, W. Colles, C. Ingham, R. Moncrieffe, L. Flyn, C. Jenkin, and T. Todd.

Walzer, Michael 1993. *Thick and Thin: Moral Argument at Home and Abroad*. Notre Dame: University of Notre Dame Press.

Weil, Simone 1947. *La pesanteur et la grâce*. Paris: Plon.

Weil, Simone 1955［1934］. Réflexions sur les causes de la liberté et de l'oppression social. In *Oppression et liberté*. Paris: Gallimard.

Wilson, James 1799. *Missionary Voyage to the Southern Pacific Ocean, Performed in the years of 1796, 1797, 1798 in the Ship Duff, Commanded by Captain James Wilson*. London: Missionary Society.

Yeats, William Butler 1996. *Selected Poems and Four Plays*, 4th ed., ed. M.L. Rosenthal. New York: Scribner Paperback Poetry.

内山田 康　Uchiyamada Yasushi

1955年、神奈川県生まれ。専門は社会人類学。国際基督教大学を卒業後、東京神学大学を中退してアフリカで働き、スウォンジー大学、イースト・アングリア大学、ロンドン・スクール・オブ・エコノミクスで学ぶ。エディンバラ大学講師、筑波大学教授を経て、現在は筑波大学名誉教授。研究テーマは、南インドの不可触民の宗教と政治、芸術の人類学、国家、モダニティ、マージナリティ。

単著に『放射能の人類学――ムナナのウラン鉱山を歩く』（青土社、2021年）、『原子力の人類学――フクシマ、ラ・アーグ、セラフィールド』（青土社、2019年）、共著に『わざの人類学』（京都大学学術出版会、2021年）、『食文化――歴史と民族の饗宴』（悠書館、2010年）、*Lilies of the Field: Marginal People Who Live for the Moment*（Westview、1999年）、*The Social Life of Trees: Anthropological Perspectives on Tree Symbolism*（Berg、1998年）など。

美しい顔
出会いと至高性をめぐる思想と人類学の旅

2024年2月20日　初版第1刷発行

著　者　　内山田康

発行者　　小林公二
発行所　　株式会社　春秋社
〒101-0021 東京都千代田区外神田2-18-6
電話　03-3255-9611
振替　00180-6-24861
https://www.shunjusha.co.jp/

印刷・製本　萩原印刷　株式会社

装　幀　佐野裕哉
カバーイラスト　黒田征太郎

ISBN 978-4-393-33404-1

定価はカバー等に表示してあります